彩图 1　奥贝莱克牛

彩图 2　德国黄牛

彩图 3　黑安格斯牛

彩图 4　黑西门塔尔牛

彩图 5　红安格斯牛

彩图 6　郏县红牛（公）

彩图 7　郏县红牛（母）

彩图 8　金黄阿奎登牛

彩图 9　利木赞牛

彩图 10　南阳牛

彩图 11　皮埃蒙特牛

彩图 12　肉牛的双肌性状

彩图 13　西门塔尔牛

彩图 14　夏洛来牛

彩图 15　夏南牛

彩图 16　新疆褐牛

彩图 17　混合感染引起的犊牛腹泻　　　　彩图 18　牛的群居性

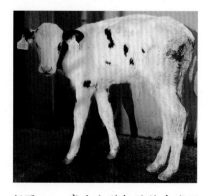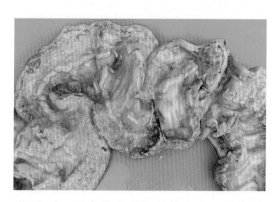

彩图 19　寄生虫引起的犊牛腹泻　　　彩图 20　混合感染引起的犊牛腹泻剖检图

河南省科学技术协会资助出版·中原科普书系

河南省"四优四化"科技支撑行动计划丛书

优质肉牛标准化
生产技术

陈付英　　汪一平　　朱进华　　主编

中原农民出版社

·郑州·

编委会

主　编　陈付英　汪一平　朱进华
副主编　魏成斌　徐照学　师志海
编　者　牛　晖　王二耀　李国强　滑留帅　冯亚杰
　　　　吕世杰　张　彬　施巧婷　朱肖亭　李文军
　　　　赵彩艳　王泰峰　何金标　杨清波

图书在版编目（CIP）数据

优质肉牛标准化生产技术／陈付英，汪一平，朱进华主编．—郑州：
中原农民出版社，2022.5
ISBN978-7-5542-2569-1

Ⅰ.①优… Ⅱ.①陈… ②汪… ③朱… Ⅲ.①肉牛-饲养管理-标准化
Ⅳ.①S823.9-65
中国版本图书馆CIP数据核字（2022）第024572号

优质肉牛标准化生产技术
YOUZHI ROUNIU BIAOZHUNHUA SHENGCHAN JISHU

出 版 人：刘宏伟
策划编辑：段敬杰
责任编辑：苏国栋
责任校对：韩文利
责任印制：孙　瑞
装帧设计：杨　柳

出版发行：中原农民出版社
　　　　　地址：郑州市郑东新区祥盛街 27 号　　邮编：450016
　　　　　电话：0371-65713859（发行部）　0371-65788652（天下农书第一编辑部）
经　　销：全国新华书店
印　　刷：河南瑞之光印刷股份有限公司
开　　本：787mm×1092mm　1/16
印　　张：8.5
插　　页：4
字　　数：146 千字
版　　次：2022 年 5 月第 1 版
印　　次：2022 年 5 月第 1 次印刷
定　　价：49.00 元

目录

一、概述

标准化是一种理念，目的是促进与保障养殖业"安全、优质、高效、可持续发展"；标准化是一个动态发展的概念，是产业发展的必然趋势，应与时俱进，提高质量，不断完善。

（一）肉牛标准化生产的概念

肉牛标准化生产，就是在场址布局、栏舍建设、生产设施配备、良种选择、投入品使用、卫生防疫、粪污处理等方面严格执行法律法规和相关标准的规定，并按程序组织生产的过程。标准化的肉牛生产技术能够提高生产效率、保证产品安全和环境友好，提升产品科技含量。标准化的肉牛生产技术包括"六化，即肉牛良种化、养殖设施化、生产规范化、产品绿色化、粪污处理无害化和监管常态化"。示范推广标准化肉牛生产技术是实现肉牛养殖业发展的前提条件。发展标准化肉牛生产技术是转变肉牛养殖业发展方式的主要抓手，是新形势下加快肉牛业转型升级的重大举措。

（二）肉牛标准化生产的意义

肉牛标准化生产，有利于增强肉牛产业的综合生产能力，增加牛肉的数量供给；有利于提高生产效率和生产水平，增加农牧民的收入；有利于从源头对牛肉及其产品质量安全进行控制，提升其质量安全水平；有利于有效提升疫病防控能力，降低疫病风险，确保人畜安全；有利于加快牧区生产方式转变，维护国家生态安全；有利于肉牛粪污的集中有效处理和资源化利用，实现肉牛产业与环境的协调发展。因此，肉牛标准化生产是整个社会经济发展的要求。

肉牛标准化生产有助于推进肉牛产业的现代化水平，提高良种化率、饲草料转化率和疫病防控水平，实现粪污的资源化利用。良种和饲草料的标准化等，能显著增加经济效益，通过示范以及市场机制可以较为顺利地推广；而设施设备、疫病防控和环境治理的标准化，会较大幅度地增加生产成本，但短期内收入不一定增加，甚至会造成利润的下降，推广会遇到更大的困难，因而需要政府更多的技术和财政支持。肉牛标准化生产的示范和推广，需要建立在经济、社会和环境可持续发展的基础上，做到经济合理、技术适宜、产品安全和生态友好。

（三）国内外肉牛产业发展现状

1. 国内外养牛业简介　目前我国养牛业的现状是架子牛牛源不足，肉牛养殖和屠宰加工区域分离状况明显。

2019 年，牛肉刚性需求与市场供给不足的矛盾突出，架子牛牛源不足的问题依然紧迫，增加牛肉进口成为弥补市场缺口的重要手段。肉牛牦牛产业链实现全线增产增收，其中，中小规模母牛养殖场（户）的自繁（殖）自育（肥）模式盈利能力最强。肉牛养殖规模化、集约化、标准化程度有所提高，这"三化"包括"单场大规模"和"小群体、大规模"两个模式，但总体上我国的肉牛养殖方式仍以后者为主体。

肉牛产业向南部的四川、贵州、云南、江西，西部的甘肃、青海、新疆，东北的内蒙古、吉林、黑龙江等省区继续转移。中部、南部和部分西部等肉牛产区的肉牛养殖场和屠宰加工企业，从东北三省、内蒙古、新疆等牧区和半农半牧区购进架子牛进行短期育肥出栏，获利颇丰。整体上，肉牛养殖和屠宰加工区域分离状况明显。西部、北部和中部肉牛屠宰加工业整体产能过剩。

1）2019 年国际牛肉生产与贸易概况

（1）国际牛肉产量　2019 年全球牛肉折算胴体基础的总产量为 6 130.6 万吨，较 2018 年减产 117.1 万吨。产量超百万吨的国家（盟）是：美国（1 228.9 万吨）、巴西（1 021.0 万吨）、欧盟（27 国）（791.0 万吨）、中国（685.0 万吨）、印度（428.7 万吨）、阿根廷（304.0 万吨）、澳大利亚（230.0 万吨）、墨西哥（203.0 万吨）、巴基斯坦（182.0 万吨）、土耳其（136.7 万吨）、俄罗斯（136.7 万吨）、加拿大（133.0 万吨）。

（2）国际牛肉消费量　2019年全球牛肉消费量为5 957.1万吨，较2018年减少107.1万吨。牛肉消费量超百万吨的国家（盟）是：美国（1 224.0万吨）、中国（923.3万吨）、巴西（800.3万吨）、欧盟（27国）（790.5万吨）、印度（268.7万吨）、阿根廷（236.0万吨）、墨西哥（188.0万吨）、俄罗斯（179.2万吨）、巴基斯坦（175.1万吨）、日本（134.5万吨）、南非（100.0万吨）。

（3）国际牛肉贸易量　2019年全球牛肉总贸易量2 030.9万吨，其中出口1 102.2万吨，进口928.7万吨。与2018年相比，牛肉总贸易量增加101.9万吨，出口量增加45.5万吨，进口量增加56.4万吨。2019年牛肉出口量超过30万吨的国家（盟）是：巴西（225.0万吨）、澳大利亚（165.7万吨）、印度（160.0万吨）、美国（141.8万吨）、阿根廷（70.0万吨）、新西兰（65.0万吨）、加拿大（57.0万吨）、乌拉圭（47.0万吨）、墨西哥（35.5万吨）、欧盟（27国）（36.0万吨）、巴拉圭（32.0万吨）。

2019年牛肉进口量超过20万吨的国家（地区、盟）是：中国（240.0万吨）、美国（137.4万吨）、日本（88.0万吨）、韩国（63.5万吨）、俄罗斯（43.0万吨）、智利（38.0万吨）、欧盟（27国）（35.5万吨）等。

2）国内牛肉生产与贸易概况

（1）国内肉牛生产与牛肉产量　2019年，全年屠宰肉牛约3 000万头，胴体总产量约为770万吨，净肉产量约为660万吨。屠宰肉牛平均胴体重约249千克/头，其中：育肥技术水平较高的育肥场，杂交牛胴体重平均约为330千克/头、中大体型本地黄牛胴体重平均约258千克/头、南方本地小黄牛胴体重平均约160千克/头，牛肉产值约为5 300亿元。（肉牛牦牛体系测算。）

（2）国内牛肉贸易（截至2019年12月数据）　牛肉进出口贸易量（不含牛下水等产品）合计约165.97万吨，比2018年同期增加61.99万吨，牛肉进出口贸易额合计82.27亿美元，贸易赤字82.24亿美元。牛肉净进口量（165.93万吨），约是2018年同期（103.90万吨）的1.6倍，比2018年增加了62.03万吨。2019年牛肉进口总量165.95万吨，进口额82.25亿美元，进口均价4.96美元/千克。其中，鲜或冷的带骨牛肉进口1 301.26吨，进口额1 353.66万美元；鲜或冷的去骨牛肉进口36 552.11吨，进口额28 303.04万美元；冷冻带骨牛肉进口256 870.99吨，进口额72 642.06万美元；冷冻去骨牛肉进口13 62 093.59吨，进口额719 298.56万美元；冷冻胴体及半胴体进口2 694.69吨，进口额914.95万美元。

2019年出口牛肉218.04吨，出口额164.37万美元，出口均价7.54美元/千克。

其中，鲜或冷的去骨牛肉、冻整头及半头牛肉无出口；冷冻带骨牛肉出口 0.047 吨，出口额 0.07 万美元；冷冻去骨牛肉出口 206.57 吨，出口额 154.50 万美元；鲜或冷的带骨牛肉出口 11.42 吨，出口额 9.80 万美元。

2019 年进口牛肉的省（市）共 25 个，年进口量合计超过 1 000 吨的有 22 个，分别是上海（361 029.17 吨）、天津（208 130.95 吨）、山东（204 243.50 吨）、江苏（155 348.39 吨）、北京（142 051.00 吨）、安徽（136 086.71 吨）、广东（133 784.25 吨）、湖南（54 345.15 吨）、辽宁（51 457.69 吨）、重庆（44 803.71 吨）、福建（43 745.945 吨）、黑龙江（39 232.38 吨）、浙江（27 683.71 吨）、河南（17 171.44 吨）、内蒙古（11 284.32 吨）、吉林（10 212.02 吨）、新疆（4 226.51 吨）、河北（3 819.12 吨）、四川（3 215.08 吨）、湖北（2 940.33 吨）、陕西（2 131.15 吨）、甘肃（1 447.59 吨）。

2019 年出口牛肉的省（市）共 5 个，出口合计超过 100 吨的 1 个，辽宁（105 吨）。

2. 国内养牛业发展趋势

1）种养一体化及粪污资源化利用，注重与环境协调发展 种养一体化和粪污资源化利用，不仅使牛生产系统自身是一个良性循环系统，而且能与农业生产系统形成相互依存的关系，使养牛业与农业资源、环境协调统一，走可持续发展的道路。

2）由"重量轻质"向"质量并重"方向发展 逐步培育适合我国人民饮食习惯标准的肉牛品种，扩大国内市场，提高国民的人均牛肉占有量，提高饲养技术水平，做好疾病防治，开辟牛肉的国际市场。

3）牛肉生产适应市场多元化需求

（1）肉牛品种多样化 既有从国外引入的专门化肉牛品种，如西门塔尔、夏洛来、德国黄牛、皮埃蒙特牛等，又有本地品种，如南阳黄牛、郏县红牛、秦川牛等，还有培育品种夏南牛、皮南牛等。

（2）饲养规模多样化 规模化养殖场、养殖大户、专业户、合作社等多种养殖模式并存，生产出适合不同市场需求的牛肉。

（3）牛肉产品多样化 针对不同的消费人群，提供高、中、低档的不同产品，既有适合高端消费的高档的雪花牛肉，也有适合大众消费的普通牛肉；既有适合酱牛肉等传统加工的牛肉产品，也有适合做牛排的牛肉产品。

4）机械化水平日趋提高 ①TMR 日粮配制，根据牛不同生理阶段特点和营养需求合理配制日粮，分阶段饲养肥育；②专门化的牧草种植收储机械，如专门的大型机械完成苜蓿收割、晾晒、打捆等工作；有专门的青贮玉米种植、收割机械，集收割、粉碎于一体，缩短青贮收获时间，提高青贮质量。

5）牛饲养管理更加科学化　一是"互联网+"技术的应用，提高了养殖效率。运用"互联网+"的智慧管理信息系统，通过每头牛佩戴射频识别电子耳标，实现对每头牛信息的自动识别，并通过配套的手持终端设备对牛只养殖信息进行实时采集和数据分析。对肉牛生产过程中的繁殖、饲喂、免疫、检疫、疾病防治等各个环节进行智能化管理，提高肉牛生产过程的有效性和科学性。二是肉牛的饲养管理更加科学化、精细化。根据各地饲草饲料资源，采用多种生产方式，提高出栏率、牛肉商品率，增加企业效益。

6）生物新技术广泛应用　随着现代分子生物学和细胞生物学研究水平的不断深入，生物工程新技术在肉牛育种中得到了广泛的应用。DNA水平和RNA水平经济性状标记辅助选择，利用基因芯片技术和全基因组测序技术，实现全基因组范围的SNP标记及其遗传效应评估，实现对种牛的早期选择；通过同期发情、超数排卵和胚胎移植技术，实现优质肉牛的种群快速扩繁；运用性控冻精技术，选择适合本牧场的X精液或Y精液进行人工授精。

二、肉牛的生物学特性

牛在自然选择和人工选择的条件下，逐渐形成了独特的生活、消化、繁殖等特性。自然生态条件和社会因素对牛的生态特征、体型大小、体态结构影响较大，同时也直接影响其体温调节和消化代谢机能。了解肉牛的这些特性，有助于科学的饲养管理，提高养殖经济效益。

（一）环境适应性

我国地域辽阔，从最南边的亚热带到北部的寒温带，从东部沿海到西部内陆，地形结构复杂多样，又有高山形成的地理隔离，在这些特定的环境条件下，经过漫长的自然选种和人工选择，形成了与其所处地理、地势、地形、气候、降水量、土壤与指标密切相关，适应当地环境的众多肉牛品种。依流域划分有北方肉牛、中原肉牛和南方肉牛；依地形地貌划分有平原型、山地型、高原型、草原型和海岛型。各种类型的牛对当地的自然环境都有很好的适应性。

1. 耐寒不耐热　牛体型较大，单位体重的体表面积小，皮肤散热比较困难，因此，牛比较怕热，但具有较强的耐寒能力。不同品种耐热能力差异较大，南方的品种个体小，被毛稀，比北方的牛耐热能力强。肉牛对气温反应很敏感，适宜温度一般在5～15℃，气温过高或过低都会影响其生产性能。在高温条件下，牛主要通过出汗和热性喘息调节体温。一般当外界环境温度超过27℃时，牛的直肠温度开始升高，当体温超过40℃往往出现热性喘息。在-18℃的环境中，仍能维持正常的体温，但低温时，牛需消耗更多的饲料来维持体温，造成饲料转化率降低。高温时，牛的采食量会大幅度下降，导致肉牛的生长发育速度减慢。高温也影响牛的繁殖性能，可使公牛的精液品质和母牛的受胎率降低。因此肉牛养殖，冬季要注意防寒保暖，夏季要防暑降温。

2.环境湿度 牛对环境湿度的适应性主要取决于环境温度。在高温的环境中，如果湿度过大，会影响牛体蒸发散热过程，加剧热应激；在低温的环境中，如果湿度过大，又会增加牛体散热量。牛适宜的环境湿度为50%～70%，此时有利于发挥其生产潜力。夏季湿度超过75%，牛的生产性能明显下降，不增重甚至掉膘。

3.抗病性 牛的抗病性与品种及个体的生理状态有关。引入的肉牛品种比地方品种增重快，但对环境的应激更敏感，在相同的饲养管理条件下，引入的肉牛品种消化和呼吸疾病的发病率高于地方品种。地方品种虽然生产性能较低，但具有适应性强、耐粗饲、适应本地气候条件等优点。

（二）生活习性

1.记忆力强 牛的记忆力强，接触过的人和事，印象深刻，能很快熟悉并接受新环境。根据这个特点，日常管理要求定时定点饲喂、饲喂程序固定、饲养员固定等。牛性格温驯，但是也有脾气，如果粗暴对待牛，就会降低牛对畜主（饲养员）的依恋性，不仅使生产受损，而且会寻机报复，造成对畜主（饲养员）的伤害。

2.群居性 活动或放牧时，牛喜欢3～5头结帮活动，但并不紧靠在一起，而是保持一定距离相互呼应（图2-1）。若干头在一起组成牛群时，经过争斗建立起地

图2-1 牛的群居性（休息）

位排序，优势者在各方面优先，即抢食其他牛的饲料、抢饮水、抢先出入牛舍等，因此必须分群。分群时应考虑牛的年龄、体重、健康状况和生理因素等，以避免恃强凌弱，弱势牛抢不到应有的饲料量。

3. 竞食性　牛在自由采食时有互相抢着吃的习性，自由采食时会相互抢食，可利用这一特点使用通槽增加牛的采食量和对适口性差的饲料的采食。

（三）消化特点

1. 牛的消化器官　牛的消化器官由口腔、咽、食管、胃、肠、肛门及腺体组成。

1）口腔　消化系统的起始端，由唇、颊、硬腭、舌和牙齿，形成一整套完整的采食和咀嚼器官。牛的唇厚而短，坚实而不灵活。上唇中部和两鼻之间的无毛区为鼻镜，表面有鼻唇腺分泌腺体，健康牛的鼻镜湿润而温度较低。牛无上切齿，不容易切断粗饲料，而是依靠灵活有力的舌将饲草卷入口中，匆匆咀嚼，通过咽和食管咽入胃内。

2）胃　牛的胃和其他反刍动物一样，有 4 个胃室，即瘤胃、网胃、瓣胃、皱胃（即真胃）。前三个胃的黏膜内无腺体，主要具有贮存食物和发酵、分解纤维素的作用，称为前胃；皱胃黏膜内有消化腺，具有真正的消化作用，所以又称为真胃。

（1）瘤胃　是牛体内最大的胃，占整个胃的 80%，内有庞大的微生物群落，瘤胃细菌和真菌数达 250 亿 ～ 500 亿 / 毫升，原虫数达 21 万 ～ 50 万 / 毫升。因牛采食的饲料种类不同，瘤胃内微生物的种类和数量会发生极大的变化。瘤胃微生物能消化纤维素，把纤维素和戊聚糖分解成乙酸、丙酸和丁酸等可利用的有机酸，为牛体提供 60% ～ 80% 的能量需要。微生物的另一个作用是能合成 B 族维生素和大多数必需氨基酸。微生物能将非蛋白氮化合物，如尿素等转化成蛋白质。这些微生物被消化液消化后，也为牛提供蛋白质及其他营养物质。

（2）网胃　内壁呈网状，在牛的 4 个胃中最小，约占成年牛胃总容积的 5%。

（3）瓣胃　占成年牛胃总容积的 8% 左右，内呈片状新月形的瓣叶。在瓣皱口两侧的黏膜，各形成一个皱褶，称为瓣胃帆，有防止皱胃内容物逆流入瓣胃的作用。瓣胃可以吸收食物中的水分及其他一些物质，其内容物中含水分较少。

（4）皱胃　占成年牛胃总容积的 8% 左右，是 4 个胃室中唯一能分泌消化液的胃。皱胃黏膜光滑、柔软，在底部形成 12 ～ 14 片螺旋状大皱褶。黏膜内含有腺体。饲料中的大部分物质可在皱胃中进行初步消化，相当于非反刍家畜的单胃。

3）肠　牛肠的长度相当于牛体长的20倍，包括小肠和大肠：小肠是食物进行消化吸收的主要部位；大肠的功能是消化纤维素、吸收水分、形成和排出粪便等。

2. 牛的消化生理

1）反刍　也叫倒沫或倒嚼，是指牛将进入瘤胃的粗饲料由瘤胃返回到口腔重新咀嚼的过程，是反刍家畜特有的生理现象。每一口倒沫的食团，咀嚼1分左右后咽下，食入的粗饲料比例越高，反刍时间越长。饲料只有经过反复咀嚼后，颗粒变小，才能通过瘤胃消化吸收。通常牛每天采食后半小时左右开始反刍，成年牛每昼夜反刍10次，青年牛每昼夜反刍10～16次。每昼夜的反刍时间需6～8小时。在牛的消化过程中，反刍的作用极为重要。

2）嗳气　由于瘤胃中寄居的大量细菌和原虫的发酵作用，使瘤胃内产生挥发性脂肪酸和多种气体（CO_2、CH_4、N_2、H_2、NH_3等），其中CO_2占50%～70%，CH_4占20%～45%。结果导致胃壁张力增加，压力感受器兴奋并将兴奋传至延脑，引起嗳气反射，瘤胃由后向前收缩，压迫气体移向瘤胃前庭，部分气体由食管进入口腔吐出，这一过程称为嗳气。在嗳气的过程中，部分气体在咽喉部通过开放的喉头转入气管和肺，进入肺的部分气体成分可被吸收入血液。因此，嗳气可能影响乳的气味。同时也将瘤胃内的某些微生物带入肺组织内，使机体对瘤胃微生物产生免疫力。成年牛昼夜可产生气体600～1 300升。牛平均每小时嗳气17～20次。当牛采食大量带有露水的豆科牧草或富含淀粉的根茎类饲料时，瘤胃发酵作用急剧上升，所产生气体如果来不及排出时，就会出现"胀气"。此时，若不及时机械放气或给牛灌服止酵药，就会使牛窒息死亡。

3）食管沟反射　食管沟始于贲门，延伸至网瓣胃口，是食管的延续。食管沟的唇状肌收缩时呈中空闭合的管子，可使食团穿过瘤胃和网胃而直接进入瓣胃。哺乳期犊牛吸吮乳汁时，引起食管沟闭合，称食管沟反射。这样可使乳汁直接进入瓣胃和皱胃内，防止乳汁进入瘤胃、网胃而引起细菌发酵和消化道疾病。在一般情况下，哺乳期结束的育成牛和成年牛食管沟反射逐渐消失。

4）唾液分泌　为消化粗饲料，牛分泌大量富含黏蛋白和缓冲盐类的唾液，一头成年牛一昼夜分泌唾液100～200升。唾液中含有碳酸盐和磷酸盐等缓冲物质和尿素等，对维持瘤胃内环境和内源性氮的重新利用起着重要作用。唾液中的这些特殊成分对于维持瘤胃内环境（中和过量酸）、浸泡粗饲料以及保持氮素循环起着重要的作用。唾液的分泌量和唾液中各种成分的含量受牛的采食行为、饲料的物理性质及水分含量等因素影响。大量的唾液能维持瘤胃内容物中的糜状物顺利地随瘤胃蠕动而翻转，使未充分咀嚼的草料位于瘤胃上层，反刍时返回口腔，充分咀嚼的细草料沉于瘤胃底部，随着瘤胃运动向后面的瓣胃、皱胃转移。

（四）肉牛的繁殖特点

牛是常年发情家畜，母牛进入初情期后，每隔一段时间就会表现一次发情，周而复始，肉牛的发情周期平均为21天。一般14～18月龄，后备母牛的体重达到成年牛体重的65%～70%，就可以进行配种，妊娠期平均为280天。种公牛1.5岁开始利用。

肉牛的繁殖能力都有一定的年限，年限长短因品种、饲养管理以及牛的健康状况不同而有差异。母牛的配种使用年限13～15年；公牛为5～6年。超过繁殖年限，公牛、母牛的繁殖能力会降低，应及时淘汰。如果母牛配种过早，就会影响到本身的健康和生长发育，所生犊牛体质弱、出生体重小、不易饲养，母牛产后泌乳受影响。如果配种过迟则易使母牛过肥，不易受胎，公牛出现自淫、阳痿等而影响配种效果。因此，正确掌握公牛、母牛的初配年龄，对改善牛群质量、充分发挥其生产性能和提高繁殖率有重要意义。

（五）生长发育规律

表示牛只生长发育规律的常用指标是增重，一般采用出生重、断奶重、12月龄体重、18月龄体重、平均日增重等指标。增重受遗传和饲养两方面的影响，增重的遗传力较强，是选种的重要指标。

1. 体重的增长规律和补偿生长

1）体重的增长规律　在胎儿期，4个月以前生长较慢，以后变快，分娩前两个月最快。犊牛的初生重与遗传、孕牛的饲养管理和妊娠期的长短有直接关系。初生重与断奶重呈正相关，也是选种的重要指标。一般胎儿早期头部生长迅速，以后四肢加快，在整个体重中的比例不断增加，而肌肉和脂肪等发育较迟。出生后，在科学的饲养管理条件下，12月龄前生长速度快，以后逐渐变慢。接近成熟时生长速度很慢，有一个生长转缓点。不同品种牛生长转缓点出现时间不一样，我国地方黄牛品种一般较晚熟，生长转缓点出现较迟，如秦川牛在18～24月龄。

肉牛的体重增长速度受品种、初生重、性别、饲养管理等因素的影响。肉用品种比非肉用品种增重快，同是肉用品种，大型品种快于小型品种。公牛增重比阉牛快，阉牛比母牛快；营养水平越高，增重越快。

2）补偿性生长　如果犊牛在生长发育阶段没有摄入充足的营养，会导致生长发育的速度减慢。之后如果再供给犊牛富含营养的饲料，肉牛的生长加速，一段时间后，肉牛的体重会呈现正常的增长状态，此种特性即为补偿性生长。

架子牛育肥就是利用牛补偿性生长的能力，达到理想的体重和膘情。处于补偿阶段的肉牛在生长速度、采食量和饲料利用率几个方面的指标比正常牛高。不是任何牛犊都可获得补偿性生长的。如果饲养者希望利用肉牛补偿性生长的特点，应保证肉牛生长受阻时间在6个月之内，胚胎期和出生至3月龄以内的牛如果生长验证受阻，以及长期营养不良，以后则不能得到完全的补偿，在快速生长期（3～9月龄）生长受阻，有时也很难进行补偿性生长。

2. 体组织生长规律　肉牛生长期间，身体各部位、各组织的生长速度各不相同，每个时期有每个时期生长重点，早期的重点是头、四肢和骨骼，中期转为体长和肌肉，后期生长的重点是脂肪。牛在幼龄时期四肢的骨骼生长较快，以后躯干骨骼生长较快。

1）骨骼　胎儿期骨骼发育较快，以四肢骨骼的生长强度大，出生时能正常负担整个体重。幼龄阶段骨骼的生长速度保持平稳，四肢骨骼的生长依然较快，以后则体轴骨骼的生长强度增加。

2）肌肉　胎儿期肌肉的发育慢于骨骼，出生后则生长加快，高于骨骼，其生长主要是由于肌肉纤维体积的增大，肉质纹理变粗，因此育成牛比老年牛的肉质嫩。

3）脂肪　初生至1岁期间脂肪的生长速度较慢，以后加快。脂肪组织的生长顺序为：开始是网油和板油，再贮存为皮下脂肪，最后沉积到肌肉纤维内，形成牛肉的大理石花纹，使肉质变嫩。脂肪能形成牛肉的特殊风味，其气味和滋味来源于脂肪酸，挥发性脂肪酸的种类和数量的不同导致牛肉风味的不同。没有脂肪酸就不会有鲜美的牛肉风味。脂肪首先在内脏器官进行沉积，如心脏和肾，其后沉积在盆腔和皮下组织内，最后沉积到肌肉纤维间。

3. 肉牛的体型特征　牛的外貌是体躯结构的外部形态，牛的体质是有机体的形态结构、生理机能、生产性能、抗病力、对外界环境条件的适应能力等相互间协调性的综合表现。个体的体质外貌特征是其遗传和环境相互作用的结果，也是内部构造与生理功能的外部表现。牛的体质外貌的鉴定，是评估其生产性能和健康状况的重要手段。

肉牛外貌的基本特征是：大型品种牛体格高大、健壮结实；中小型品种牛体躯低矮、胸宽深、四肢粗壮。肉牛体躯呈长方形，中躯呈桶形，皮薄骨细，全身肌肉丰满、发达，属于结实型或细致疏松体质类型。

中国地方黄牛品种传统上多为役用体型，前躯强大而后躯较弱，呈前高后低的倒梯子形，外貌特点是皮厚骨粗，肌肉强大、结实，皮下脂肪不发达，全身粗糙而紧凑，属粗糙紧凑体质类型。

4. 肉牛的体尺与体重测量

1）体尺测量 体尺是牛体各部位长、宽、高、围度等数量化的指标。

牛体尺的测量项目、方法和测量工具见表2-1。进行测量时，应使牛站在平坦的地面上；肢势端正，从后面看，后腿掩盖前腿，侧面看，左腿掩盖右腿，或右腿掩盖左腿，四蹄两行；头自然前伸，不抬高也不下垂，后头骨应与鬐甲接近在一个水平线上（图2-2，图2-3）。

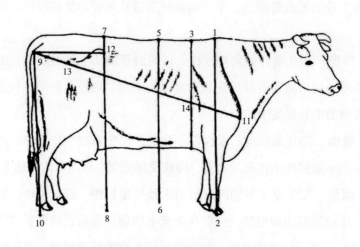

图2-2　牛体测量部位

1-2　鬐甲高　3-4　胸围　5-6　背高　7-8　腰高　9-10　臀端高

9-11　体斜长　9-12　尻长　14　胸宽

图2-3 皮南牛体尺测定现场

测定部位的多少，因测定的目的不同而定，最常用的测定项目包括体高、体斜长、胸围、管围四项。体高又可以分为鬐甲高、背高、腰高，但多以鬐甲高表示身高；体长一般以体斜长表示。进行科学研究或培育品种时，需要测定更多的指标。

表2-1 牛体尺的测量项目、方法和测量工具

序号	测量项目	测量方法	测量工具
1	鬐甲高	从鬐甲最高点到地面的垂直距离	测杖
2	胸围	肩胛骨后角处体躯的垂直周径	卷尺
3	体长	肩端到坐骨端的距离，亦称体斜长	测杖或卷尺，须注明
4	管围	前肢管骨上1/3处测量的周径	卷尺
5	体直长	肩端到坐骨端后缘垂直线的水平距离	测杖
6	背高	最后胸椎棘突到地面的垂直距离	测杖
7	腰高	两腰角中央到地面的垂直距离，亦称十字部高	测杖
8	尻高	荐骨最高点的高度	测杖
9	胸深	沿着肩胛骨后方，从鬐甲到胸骨的垂直距离	测杖
10	尻长	腰角前缘至臀端后缘的直线距离	测杖或圆测器
11	腰角宽	腰角处最大宽度	测杖或圆测器
12	髋宽	髋的最大宽度	圆形测量器

2）体重测量 体重是牛的一项重要指标，称量体重可准确地了解牛的生长发育情况，并作为日粮配合的依据。

体重称量的工具可以用地磅。应在每天早晨空腹称量，连续测定 2 天（次），取平均值为牛的体重。没有称重条件时，可以通过体尺估计体重，肉牛的估重公式如下：

肥育牛体重 = 胸围^2 × 体斜长 ÷ 10 800

未肥育牛体重 = 胸围^2 × 体斜长 ÷ 11 420

6 月龄体重 = 胸围^2 × 体斜长 ÷ 12 500

18 月龄体重 = 胸围^2 × 体斜长 ÷ 12 000

其中，体重单位为千克，胸围、体斜长的单位为米。

5. 肉牛选择技术

1）肉牛的体型特点　肉牛的体型外貌与其生产性能相适应，是其生产性能的外在表现，在一定程度上反映牛的内在结构与功能状态。牛的体型外貌也是品种的重要特征，通过躯体各部位的形状特点不仅可以判定品种的遗传稳定性，还可判断肉牛营养水平和健康状况，一般品种体型特征良好的个体即具有良好的生产性能。

2）肉牛的外貌特征　肉用牛的整体外貌特点是体躯低矮，前、后躯较长而中躯较短，皮薄骨细，皮下脂肪发达，全身肌肉丰满、疏松而匀称。细致疏松型表现更为明显，无论前视、侧视、上视、后视均呈矩形，被毛细密、富有光泽，优良肉牛呈现卷曲状态。

3）肉牛各部位的特点

（1）鬐甲　宽厚，多肉，与背腰在一条直线上。

（2）前胸　前胸饱满，突出于两前肢之间，两前肢踏宽大，肋骨较直且曲度大，肋间隙狭窄，两肩与胸部结合良好，肌肉丰满。

（3）背腰　宽广且平直，中线与鬐甲及尾根在一条直线上，脊椎两侧及背腰肌肉十分发达，常呈现"复腰"，显得背腰十分平坦，腹线平直。

（4）尻部　宽、长、平、直，富有肌肉，两后腿踏宽大，股部深厚，且肌肉向后、向外延伸，腰角丰圆而不突出。坐骨端短、大而厚实，连接腰角、坐骨端、飞节三点，侧观构成丰满多肉的三角形。

6. 肉牛的外貌鉴定方法及评价标准　肉用种牛的选择和市场上采购肥育牛，都需要进行肉牛的体型外貌鉴定。其方法包括肉眼鉴定、测量鉴定、评分鉴定和线性鉴定四种方法。其中以肉眼鉴定应用最广，测量鉴定和评分鉴定可作为辅助鉴定方法，线性鉴定是在前三者基础上综合其优点建立起来的最新方法，准确度较高。

1）肉眼鉴定　是通过眼看手摸，来判别肉牛产肉性能高低的鉴定方法。农村家畜交易市场上为购牛双方搭桥作价的"牛把式"就是利用这种方法（图2-4）。该法简便易行，不需任何设备，但要有丰富的经验，一般要经过2～3年的实践训练才能达到较准确的评估。

图2-4　牛体型外貌鉴定

肉眼鉴定的具体做法是：让牛站在比较开阔的平地上，鉴定人员距牛3～5米，绕牛仔细观察一周，分析牛的整体结构是否平衡，各部位发育程度、结合状况以及相互间的比例大小，以得到一个总的印象。然后用手按摸牛体，注意皮肤厚度、皮下脂肪的厚薄、肌肉弹性及结实程度。接着让牛走动，动态观察，注意身躯的平衡及行走情况，最后对牛做出判断，判定等级。

2）评分鉴定　是根据牛体各部位对产肉性能的相对重要性给予一定的分数，总分为100分。鉴定时鉴定人员通过肉眼观察，按照评分表中所列各项对照标准，对牛体各部位的肉用价值给予评分，然后将各部位评分累加，再按规定的分数标准折合成相应等级。

鉴定时，人与牛保持10米的距离，从前、侧、后等不同的角度，首先观察牛的体型，再令其走动，获取一个概括的认识；然后走近牛体，对各部位进行细致审查、分析，评出分数。表2-2给出了其综合评定的标准，供鉴定时参考。评定分数与对应的折合等级列于表2-3。

表2-2　肉牛及改良牛、兼用牛外貌鉴定评分表　　　　　　单位：分

部位	评满分条件	肉用牛		兼用牛	
		公	母	公	母
整体结构	品种特征明显，体尺达到要求；体躯各部位结合良好，自然；经济用体型特别突出；整体宽度良好，性别特征正常，全身肌肉匀称、发达，骨骼生长良好；神经反应灵活，性情温驯，行步自如	30	25	30	25
前躯	胸宽而深，前胸突出，颈胸结合良好，肌肉丰满	15	10	15	10
中躯	背腰宽平、肋骨开张，背线与腹线平直，呈圆筒形，腹不下垂	10	15	10	15
后躯	尻部长、宽、平，大腿肌肉结实而突出	25	20	25	20
乳房	乳房容积较大、匀称，附着良好；乳头较粗大，着生匀称；乳静脉明显，多弯曲；乳房皮肤薄，被毛较短	—	10	—	15
肢蹄	四肢端正结实，前后档宽，蹄形正，蹄质坚实，蹄壳致密；系部角度适宜，强健有力	20	20	20	15
合计	100	100	100	100	100

表2-3　肉牛及改良牛、兼用牛外貌鉴定等级评分标准　　　　　　单位：分

性别	等级			
	特级	一级	二级	三级
公	85	80	75	70
母	80	75	70	65

3）测量鉴定　是借助仪器或小型设备，对牛体各部位进行客观的测量。测量鉴定是牛育种上最为广使用的方法。测量的主要工具包括卷尺、测杖、圆形测定器和磅秤等。这种方法要求牛只站立姿势自然而端正，测量起始端点要准确，测量人员操作熟练而迅速。最主要的体尺测量包括：体重、体高、体斜长、胸围、胸宽、腰角宽、尻长、髋宽、管围。

4）线性鉴定　线性鉴定方法是借鉴乳用牛线性体型鉴定原理，以肉牛各部位两个生物学极端表现为高低分的外貌鉴定，并用统计遗传学原理进行计算的鉴定方

法。它将对牛体的评定内容分为四部分：体型结构、肌肉度、细致度和乳房。每一部分将两种极端形态分别作为最高分和最低分。中间分为5个分数级别，如肌肉特别发达、发达、一般、瘦、贫乏，分别给以45分、35分、25分、15分和5分。各部位评分累加，得高分牛优于得低分牛。实践证明，该方法在肉牛改良中是既可靠又明了的选种方法。

7. 根据牙齿鉴定肉牛的年龄　肉牛的年龄与体重、体型、生长速度、胴体质量等都具有直接的关系，决定着育肥的时机、效率、牛肉的品质，在选种、育种时，年龄也至关重要。在没有出生记录时，可根据牛的外貌、角轮或牙齿的情况鉴定牛的年龄。根据牛的外貌和角轮鉴定年龄，很难判断准确的年龄。根据牛的牙齿磨损情况来鉴定牛的年龄比较准确，也较实用。

1）牛齿的种类、数目和齿式　牛的牙齿分为乳齿和永久齿（恒齿），牛没有上门齿和犬齿，表2-4。乳齿一共10对20枚，无后臼齿，齿式为：2×（门齿0/4，犬齿0/0，前臼齿3/3，后臼齿0/0）=20。犊牛到一定年龄，乳齿脱落换为永久齿，永久齿有32个，齿式为：2×（门齿0/4，犬齿0/0，前臼齿3/3，后臼齿3/3）=32。

表2-4　乳齿和永久齿的区别

特征	乳齿	永久齿
齿形	小、薄、有齿颈	粗壮、无齿颈
齿间空隙	有而且大	无
颜色	洁白	齿根呈棕黄色，齿冠色白微黄
排列	不整齐	整齐

2）鉴别的依据和方法　依据牙齿鉴别牛的年龄见表2-5。犊牛年龄的鉴别主要依据门齿的发生、脱换；成年牛根据牙齿的磨损程度来鉴别年龄。一般犊牛出生时已长出1～2对乳门齿，3～4月龄乳门齿发育完全。

表2-5　依据牙齿鉴别牛的年龄

年龄	牙齿
3～4月龄	乳门齿发育完全
4～5月龄	乳齿面逐渐磨损
1.5岁	脱换钳齿，长出1对永久齿，2岁长齐
2.5岁	长出2对永久齿
3.5岁	长出3对永久齿
4.5岁	长出4对永久齿

年龄	牙齿
5岁	齐口，即门齿更换齐全
6岁	钳齿呈长方形
7岁	钳齿呈三角形
8岁	钳齿呈四边形或不等边形
9岁	钳齿呈圆形
10岁	钳齿齿髓腔暴露，出现齿星
11岁	内中间齿出现齿星
12岁	外中间齿出现齿星
13岁	隔齿出现齿星

三、肉牛养殖品种标准化

（一）国际肉牛品种

1. 专用肉牛品种

1）夏洛来牛

（1）原产地 夏洛来牛（图3-1）原产于法国的夏洛来及毗邻省，最早为役用牛，夏洛来牛适应性好，世界上很多国家都引入夏洛来牛作为肉牛生产的种牛。我国分别于1964年和1974年大批引入，分布在东北、西北及西南部分地区，1988年又有小批量的进口。

图3-1 夏洛来牛

（2）外貌特征 夏洛来牛体大力强，毛色为乳白色或白色，皮肤及黏膜为浅红色。头部大小适中而稍短宽，额部和鼻镜宽广。角圆而较长，向两侧前方伸展，角质蜡黄色。颈粗短，胸宽深，肋弓圆，背直，腰宽，尻长而宽，躯体呈圆筒状。骨骼粗壮。全身肌肉丰满，背、腰、臀部肌肉块明显，肌肉块间沟痕清晰，常有"双肌"现象出现。四肢长短适中，站立良好。成年公牛体重 1 100 ~ 1 200 千克，体高 142 厘米；成年母牛体重 700 ~ 800 千克，体高 132 厘米。

（3）生产性能　夏洛来牛增重快，尤其是早期生长阶段，瘦肉率高。哺乳期日增重，公犊为 1 296 克，母犊为 1 060 克，在良好的饲养条件下，6 月龄公牛可以达到 250 千克，母牛 210 千克，夏洛来牛的屠宰率为 65% ~ 68%，胴体产肉率为 80% ~ 85%。母牛一个泌乳期产奶 1 700 ~ 1 800 千克，乳脂率 4.0% ~ 4.7%，能有效保证犊牛生长发育的需要。母牛初情为 13 月龄，初配为 17 ~ 20 月龄。

（4）杂交改良黄牛的效果　在山西、河北、河南、新疆等地应用夏洛来牛与我国本地黄牛杂交，杂交一代体格明显加大，生长发育快，增重显著，杂种优势明显。由于杂交一代初生重增大，难产率偏高。在饲草饲料条件差的条件下，犊牛断奶前后生长受阻，其生产潜力没有得到充分的发挥，在杂交二代表现更为明显，规模化饲养企业应注重这个阶段的饲养管理。

在我国，夏洛来牛是肉牛生产配套系的父本和轮回杂交的亲本，我国培育的肉牛品种"夏南牛"就是由南阳牛导入夏洛来牛的血统培育而成，含 37.5% 夏洛来牛血统，62.5% 的南阳牛血统。

2）利木赞牛　原为役肉兼用牛，从 1850 年开始选育，1886 年建立利木赞的良种登记簿，1900 年后向瘦肉较多的肉用方向选育，是法国第二个重要肉牛品种。在北美肉牛杂交的试验效果很好，我国于 1974 年和 1976 年分批输入，近年又继续引入。

（1）原产地　利木赞牛原产地为法国中部利木赞高原。

（2）外貌特征　利木赞牛体型高大，毛色为黄红色或红黄色，口鼻、眼、四肢内侧及尾帚毛色较浅（即称"三粉"特征）。头较短小，额宽，口方，公牛角稍短色白，向两侧伸展，母牛角细且向前弯曲，肉垂发达。体格比夏洛来牛小，胸宽而深，体躯长，全身肌肉丰满，前肢肌肉发达，但不及典型肉牛品种。四肢较细。成年公牛体重 950 ~ 1 200 千克，体高 140 厘米；成年母牛体重 600 ~ 800 千克，体高 130 厘米。

（3）生产性能　利木赞牛初生重较小，公犊 36 千克，母犊为 35 千克，难产率较低。肉用性能好，生长快，尤其是幼龄期，8 月龄小牛就可生产具有大理石纹的牛肉，是生产小牛肉的主要品种，肉质好、嫩、瘦肉率高。周岁体重可达 450 千克，比较早熟，如果早期生长不能得到足够的营养，后期的补偿生长能力较差。屠宰率63%以上，净肉率52%以上，适合东、西方两种风格的牛肉生产。母牛泌乳期产奶量1 200千克，乳脂率5%，母牛初情期1岁左右，初配年龄是18～20月龄，繁殖母牛空怀时间短，两胎间隔平均为375天。适应性强，对牧草选择性不严格，耐粗饲，食欲旺盛，喜在舍外采食和运动。

（4）杂交改良我国黄牛的效果　山东用利木赞牛改良本地鲁西黄牛，利鲁杂种一代牛体型趋向于父本，前胸开阔，后躯发育良好，肌肉丰满，呈典型的肉役兼用体型。毛色与鲁西黄牛一致，并具有明显的"三粉"特征。利鲁杂种一代牛耐粗饲，适应性强。

3）安格斯牛　安格斯牛为古老的小型肉牛品种。

（1）原产地　原产于英国苏格兰北部的阿伯丁和安格斯地区。20世纪70年代引入我国。

（2）外貌特征　安格斯牛体型小，为早熟体型。无角，头小额宽，头部清秀。体躯宽深，背腰平直，呈圆筒状，全身肌肉丰满，骨骼细致，四肢粗短，左右两肢间距宽，蹄质结实。被毛均匀而富有光泽，毛色为黑色；红色安格斯牛毛色暗红或橙红，犊牛被毛呈油亮红色。成年公牛体重800～900千克，体高130厘米；成年母牛500～600千克，体高119厘米。

（3）生产性能　犊牛初生重小，为25～32千克，红色安格斯牛的初生重低于黑色者；母牛难产率低，犊牛成活率高。在良好的草场条件下，从初生到周岁可保持900～1 000克的日增重水平。红色安格斯牛是世界公认的典型肉牛品种，有优秀的肉用性能和极强的适应性，在粗放条件下饲养，屠宰率可达60%～65%。该牛早熟易肥，胴体品质和产肉性能俱佳，被认为是世界肉牛品种中肉质上乘者，适合东、西方两种风格的牛肉生产。在美国牛肉市场上，安格斯牛肉售价很高，素有"贵族牛肉"之称。

安格斯牛初情期12月龄，初配18～20月龄，连产性好。泌乳期产奶量639～717千克。

安格斯牛耐粗饲、抗寒，但在粗饲料的利用能力上不如海福特牛。母牛稍有神经质，易于受惊，冬季因被毛较长而易感外寄生虫。但是红色安格斯牛这些弱点不太严重。

（4）杂交改良我国黄牛的效果　黑色安格斯牛与本地黄牛杂交，杂交一代牛被毛黑色，无角的遗传性很强。杂交一代牛体型不大，结构紧凑，背腰平直，肌肉丰满。杂交一代牛耐牧性强，在一般的营养水平下饲养，其屠宰率为50%，净肉率为36.91%。红色安格斯牛的毛色与多数黄牛接近。在黄牛改良工作中，红色安格斯牛更易被群众接受，在国内对牛肉质量、档次要求日益严格的情况下，安格斯牛的价值将会被人们重新认识。安格斯牛是目前国际上公认的肉牛杂交配套母系。

4）日本和牛　日本和牛肉也是世界上最贵的牛肉，以肉质鲜嫩、营养丰富、适口性好驰名于世。被称为和牛的四个日本肉牛品种，即黑色和牛、棕色和牛、无角和牛和短角和牛。

（1）原产地　日本和牛是日本从1956年起改良牛中最成功的品种之一，是从雷天号西门塔尔种公牛的改良后裔中选育而成，是全世界公认的最优秀的优良肉用牛品种。特点是生长快、成熟早、肉质好。第七、第八肋间眼肌面积达52厘米^2。

（2）体型外貌　日本和牛毛色多为黑色和棕色，少见条纹及花斑等杂色。体躯紧凑，腿细，前躯发育良好，后躯稍差。体型小，成熟晚。成年公牛体重700千克，体高137厘米；成年母牛400千克，体高124厘米。犊牛经27月龄育肥，体重可达700千克以上，平均日增重1.2千克以上。

（3）生产性能　日本和牛是当今世界公认的品质最优秀的良种肉牛，育肥后大理石花纹明显，又称"雪花肉"。由于日本和牛的肉多汁细嫩、风味独特，肌肉脂肪中饱和脂肪酸含量很低、营养价值极高，因而在日本被视为"国宝"，在西欧市场价格也极其昂贵。

2. 兼用品种

1）西门塔尔牛

（1）原产地　西门塔尔牛属乳肉兼用大型品种，原产于瑞士阿尔卑斯山区，主要产地是伯尔尼州的西门塔尔平原和萨能平原。在法国、德国、奥地利等国相邻地区也有分布。世界上许多国家也都引进西门塔尔牛在本国选育或培育，育成了自己的西门塔尔牛，并冠以该国国名而命名。

（2）体型外貌　被毛多为黄白花或淡红白花，一般为白头，常有白色胸带和肷带，腹部、四肢下部、尾帚为白色。头较长，体格粗壮结实，前躯较后躯发育好，胸深、腰宽、体长、尻部宽长且平直，体躯呈圆筒状，肌肉丰满，四肢结实，乳房发育中等。成牛公牛体重1 000～1 200千克，体高147厘米；成年母牛体重670～800千克，体高133厘米。胸部宽深，后躯肌肉发达。

（3）生产性能　西门塔尔牛公牛出生重45千克，增重快，产肉性能良好，甚至不亚于专门化的肉牛品种。12月龄体重可达450千克。日增重0.8～1.0千克。公牛经育肥后，屠宰率65%；在半育肥状态下，一般母牛的屠宰率为53%～55%。胴体瘦肉多，脂肪少，且分布均匀。

西门塔尔牛泌乳期产奶量3 500～4 500千克，乳脂率3.64%～4.13%，由于西门塔尔牛原产地常年放牧饲养，因此该品种具有耐粗饲、适应性强的特点。

（4）杂交改良我国黄牛的效果　西门塔尔牛改良我国各地的黄牛，取得了比较理想的结果。杂交牛外貌特征趋向于父本，额部有白斑或白星，胸深加大，后躯发达，肌肉丰满，四肢粗壮。产肉、产乳性能明显高于母本，西杂小牛放牧性、育肥效果均好。在同等条件下，西杂一代牛与其他肉牛品种牛的杂交一代牛相比，肉质稍差，表现为颜色较淡、结构稍粗糙、脂肪分布不够均匀。

在国外，西门塔尔牛既作为"终端"杂交的父系品种，又可作为配套系母系。

2）丹麦红牛　由丹麦默恩岛、西兰岛和洛兰岛上所产的北斯勒准西牛经长期选育而成。在选育过程中，曾用与该牛生产性能、毛色、繁育环境等相似的安格勒和乳用短角牛进行导入杂交。该品种以奶产量、乳脂率、乳蛋白率高而闻名。

（1）原产地　丹麦红牛原产于丹麦，为乳肉兼用品种。目前该牛在世界许多国家都有分布。1984年我国首次引入30多头，分别饲养于吉林省畜牧兽医研究所和西北农业大学。

（2）外貌特征　毛色为红色或深红色。公牛一般毛色较深。有的个体腹部和乳房部有白斑，鼻镜为瓦灰色，垂皮大。该牛体格大，体躯深长，胸腰宽，胸骨向前突出，背长平、腰宽，尻宽而长，腹部容积大，四肢粗壮，全身肌肉发育中等。常见有背部稍凹、后躯隆起的个体。乳房发达，发育匀称。12月龄体重：公牛为450千克，母牛为250千克。成年公牛体重为1 000～1 300千克，体高为148厘米；成年母牛体重为650～750千克，体高132厘米。

（3）生产性能　丹麦红牛性成熟早，生长速度快，肉品质好。体质结实，耐粗饲、抗寒、耐热、采食快，适应性广，抗结核病能力强。丹麦红牛犊牛初生重约40千克，成熟早，产肉性能好，日增重为700～1 000克，屠宰率一般为54%～57%。产奶性奶牛，在我国饲养条件下，305天产奶量5 400千克，乳脂率4.21%。

（4）杂交改良我国黄牛的效果　陕西省富平县用丹麦红牛改良秦川牛：丹秦杂交一代公、母犊牛的初生重分别为32.9千克和29.7千克。丹秦杂交一代牛30日、90日、

180 日、360 日龄体重分别比本地秦川牛提高了 43.9%、30.6%、4.5% 和 23.0%。丹秦杂交一代牛毛酷似秦川牛，多为紫红色或深红色，丹秦杂交牛较秦川牛背腰宽广，后躯宽平，乳房大。

3）**皮埃蒙特牛** 该品种原来为役用牛，后来向肉乳兼用方向选育。20 世纪初，曾引进夏洛来牛杂交而含"双肌"基因。品种选育中注重其早熟性、肌肉丰满度和肉质进行重点选育，同时注意选择增重率、饲料报酬、胴体特征、顺产性及受孕能力及产奶量，不追求大型体格。

（1）原产地 皮埃蒙特牛原产于意大利北部的皮埃蒙特地区，包括都灵、米兰和克里英那等地。

（2）外貌特征 毛色为浅灰色或白色，鼻镜、眼圈、阴部、尾帚及蹄等部位为黑色，颈部颜色较重。公牛皮肤为灰色或浅红色，头、颈、肩、四肢，有的身体侧面和后腱侧面集中较多的黑色素。母牛皮肤为白色或浅红色，有的也表现为暗灰色或暗红色。犊牛刚出生时为白色或浅褐色。体格中等，躯体长，胸部宽阔，胸、腰、尻部和大腿肌肉发达，双肌明显，成年公牛体重 850 ~ 1 000 千克，体高 145 厘米；成年母牛体重 500 ~ 600 千克，体高 136 厘米。

（3）生产性能 皮埃蒙特牛公犊初生重 42 ~ 45 千克，母犊为 39 ~ 42 千克。皮埃蒙特牛肉用性能突出，泌乳性能较好。120 日龄日增重为 1 300 ~ 1 500 克。育成公牛 15 ~ 18 月龄适宰体重为 550 ~ 600 千克。屠宰率为 67% ~ 70%，净肉率为 60%，瘦肉率为 82.4%，属高瘦肉率肉牛。胴体中骨骼比例少，肉骨比为（16 ~ 18）: 1，脂肪含量低，肉质优良，细嫩。眼肌面积大，用于生产高档牛排的价值很高。泌乳期平均产奶量为 3 500 千克，乳脂率为 4.17%。皮质坚实而柔软。

皮埃蒙特牛能够适应多种环境，既可在海拔 1 500 ~ 2 000 米的山地牧场放牧，也可以在夏季较炎热的地区舍饲喂养。因含双肌基因，是目前肉牛终端杂交的理想父本。已被世界上 23 个国家引进。

（4）杂交改良我国黄牛的效果 新野县利用肉用性能优良的皮埃蒙特牛对当地南阳黄牛进行了杂交改良，杂交后代不但在体型上较南阳黄牛有了明显改善，后躯肌肉发育非常明显，而且增重速度也有了明显提高，与其他众多引进品种和当地品种相比具有明显的生长优势，深受广大养殖者的青睐。

4）**德国黄牛** 由瑞士褐牛与当地黄牛杂交经严格选育而成，属肉乳兼用品种，偏重肉用。深受美洲和欧洲市场好评。

（1）原产地　德国黄牛原产德国和奥地利，其中德国分布最多。

（2）外貌特征　被毛浅黄、黄色到浅红，体躯长，体格大，胸深，背直，胸腹紧凑，四肢短而有力，肌肉丰满，乳房大，附着紧密，成牛公牛体重1 000～1 100千克，体高约145厘米；成年母牛体重700～800千克，体高约130厘米。

（3）生产性能　公犊牛出生重约42千克，泌乳性能和肉用性能良好，年产奶量约4 100千克，乳脂率为4.15%，屠宰率62%，净肉率56%。该牛育肥性能良好，肉品质好，18月龄去势公牛体重可达500～600千克。

（4）利用情况　河南省1997年首次引进德国黄牛11头，经胚胎移植技术生产纯种牛60头，国内各黄牛饲养区拟选用该品种改良当地黄牛。

（二）中国地方黄牛品种

我国是一个养牛古国，也是现代养牛大国，地域辽阔，生态环境多样。人们在长期的饲养过程中，根据当地不同自然生态和社会经济条件，育成了多个黄牛品种，是世界上一座巨大的、宝贵的基因库。中国地方黄牛具有耐粗饲、抗逆性强、性情温驯及适应性强的生物学特性。在我国分布很广，各省区都有，无论是在-30℃以下的高寒地区，还是在36℃以上的炎热地区，都能生存，在适宜的条件下生长、繁殖都较好。

按地理分布区域将中国黄牛分为北方黄牛、中原黄牛和南方黄牛三大类型：北方黄牛包括蒙古牛、哈萨克牛和延边牛；中原黄牛包括秦川牛、南阳牛、鲁西牛、晋南牛、冀南牛、郏县红牛等品种；南方黄牛包括南方各省、区的黄牛品种，如温岭高峰牛等。就个体生产能力而言，以中原黄牛质量为高，体型也是最大的；北方黄牛次之；南方黄牛最小。

1. 秦川牛　秦川牛形成历史悠久，当地饲草饲料丰富，长期选择体格高大、役用力强、性情温驯的牛只作种用，逐步形成良好的基础牛群。

1）产地与分布　秦川牛是我国优良地方黄牛品种之一。主要产于秦岭以北渭河流域的陕西关中平原（八百里秦川），其中以咸阳、兴平、武功、乾县、礼泉、扶风和蒲城等七个县市的牛最为著名，邻近地区也有分布。

2）外貌特征　秦川牛属国内大型肉役兼用品种。体格高大，骨骼粗壮，肌肉丰满。前躯发育很好，后躯发育较弱。秦川牛具有一长（体躯长），二方（口方、尻方），三宽（额、胸、后躯宽），四紧（四蹄叉紧），五短（颈短、四肢短）的特点。全身被毛细致有光泽，多为紫红色或红色，黄色者较少。蹄壳、眼圈和鼻镜一般呈肉色，个别牛鼻镜呈黑色。角短，呈肉色。公牛颈峰隆起，垂皮发达，鬐甲高而厚。母牛头部清秀。缺点是牛群中常见尻部尖斜的个体。

3）生产性能　秦川牛役用能力强，易于育肥，产肉性能颇好，在中等营养水平下，1～1.5岁平均日增重为公牛0.7千克、母牛0.55千克、阉牛0.59千克；18月龄公牛屠宰率58.3%，净肉率50.5%，眼肌面积97.0厘米^2，胴体重282千克，瘦肉率76.0%，肉骨比6.74∶1，肉质细致，大理石纹明显，肉味鲜美。秦川母牛的泌乳期一般为210天，平均产奶715.8千克，乳脂率为4.7%。母牛初情期9.3月龄，18月龄初配。适应性良好，秦川牛曾被安徽、浙江、湖南等20多个省引入，改良地方黄牛，效果显著。与荷斯坦牛、丹麦红牛，兼用短角牛杂交，后代肉乳性能均得到明显提高。

2. 南阳牛　南阳牛是全国五大良种之一，毛色分为黄、红、草白三种，黄色为主是役用性能、肉用性及适应性俱佳。

1）**产地与分布**　南阳牛产于河南省南阳市白河和唐河流域的平原地区，为当地古老的牛品种，以南阳、唐河、邓州、新野、镇平、社旗、方城和泌阳等8个县市为主要产区。许昌、周口、驻马店等地区也分布较多。

2）**外貌特征**　南阳牛属大型役肉兼用品种，体格高大，肌肉发达，结构紧凑，体质结实，肩部宽厚，鬐甲较高，颈短厚而多皱，腰背平直，肢势正直，公牛头部方正雄壮，肩峰隆起8～9厘米，前躯发达；母牛头清秀，一般中躯发育良好。毛色多为黄、米黄、黄红、草白等色，其中黄色者占80.5%。皮薄毛细。部分牛存在胸部宽深不够、尻部较斜、体躯长度不足的缺点，母牛乳房发育较差。

3）**生产性能**　南阳牛役用能力强，产肉性能较好。中等营养条件下，公牛18月龄平均体重441.7千克，日增重813克，屠宰率为55.6%，净肉率46.6%。眼肌面积92.6厘米^2。南阳牛肉质细嫩，颜色鲜红，大理石纹明显，味道鲜，熟肉率达60.3%。南阳牛母牛泌乳期6～8个月，产乳量600～800千克，乳脂率为4.5%～7.5%。南阳牛适应性强，耐粗饲。母牛初情期8～12月龄，24月龄适配。

3. 郏县红牛　郏县红牛因原产于河南省郏县，且毛色多呈红色，故而得名。属于役肉兼用型地方品种，产肉性能优异。

1）**产地与分布**　郏县红牛主产于河南省郏县、宝丰和鲁山，在平顶山市的汝州，许昌市的禹州、襄城等地也有分布。

2）**外貌特征** 郏县红牛体格中等，体质结实，骨骼粗壮，体躯较长，从侧面看呈长方形，具有役肉兼用体型。垂皮较发达，肩峰稍隆起，尻稍斜，四肢粗壮，蹄圆大结实。公牛鬐甲较高，母牛乳房发育较好，腹部充实。毛色有红色、浅红色及紫红色3种，部分牛尾帚中夹有白毛。角形多样，以向前上方弯曲和向侧平伸者居多。在郏县红牛养殖区有用"龙门角，白尾梢"来形容郏县红牛。

3）**生产性能** 郏县红牛体格健壮，役用能力强。肉质细嫩，大理石花纹明显，平均屠宰率为57.6%，净肉率44.8%，眼肌面积为69.0厘米^2。公牛12月龄性成熟，母牛10月龄性成熟，公牛1.5～2岁开始配种，配种利用年龄为8～10岁。母牛2岁开始配种，繁殖年限为12～13岁，终身可产犊8～10头。母牛的性周期为18～20天，妊娠期为280～300天，产后2～3个月再次发情。

4. 鲁西牛 鲁西牛又称鲁西南大黄牛或山东牛。属于役肉兼用型地方品种，产肉性能优异。

1）**产地与分布** 鲁西牛原产于山东省西部、黄河以南、运河以西一带，菏泽、济宁两地区的郓城、鄄城、菏泽、嘉祥、济宁等10县为中心产区。在鲁南、河南省东部、河南省南部、江苏省和安徽省北部也有分布。

2）**外貌特征** 鲁西牛因地区性使用方式和生产要求不同，有"抓地虎"型与"高辕"型两类。前者体矮胸广深，四肢短粗；后者肢高，体躯短；各型牛结构匀称，细致紧凑，肌肉发达。被毛从浅黄到棕红色，以黄色为最多。多数牛有眼圈、嘴圈、腹下、四肢内侧毛色较被毛色浅的"三粉"特征。毛细而软，皮薄而有弹性。公牛头短而宽，角粗，颈短而粗，颈下肉垂大，鬐甲高，前躯较宽深，后躯较差，背腰平直。母牛头稍窄而长，角质细密，颈细长，后躯开阔，尻部平直，大腿肌肉丰满。

3）**生产性能** 鲁西牛是我国产肉性能较好的牛种，18月龄鲁西牛平均屠宰率57.2%，净肉率49.0%，眼肌面积89.1厘米^2，肉骨比6：1。肉质细嫩，肌纤维间脂肪分布均匀，呈大理石纹。鲁西牛母牛初情期为10～12月龄，1.5～2岁初配，该牛有抗结核和抗焦虫病的特性。鲁西牛尚存在体成熟较晚、日增重不高、后躯欠丰满等缺陷。

5. 晋南牛 晋南牛因产于山西省晋南盆地而得名，属于役肉兼用型地方品种，产肉性能优异。

1）**产地与分布** 晋南牛原产于山西省南部、汾河下游的晋南盆地，包括运城地区的万荣、河津等 10 县、市及临汾地区的侯马、曲沃等县市。

2）**外貌特征** 晋南牛属于我国大型役肉兼用品种，体躯高大，公牛头中等长，额宽，顺风角，颈短粗，垂皮和胸部发达，臀部较窄，母牛头清秀，背腰宽阔，乳房发育较差，部分母牛有尻尖斜的缺点。

3）**生产性能** 晋南牛役用性能好，最大挽力平均为体重的 55%，速力 0.75 ~ 1.0 米 / 秒，成年牛育肥平均屠宰率 52.3%，净肉率 43.4%，具有良好的肉用性能。母牛初情期 9 ~ 10 月龄，2 岁始配，泌乳期 8 个月，平均产乳量 745.1 千克，含脂率 5.5% ~ 6.1%。

6. 延边牛 延边牛又称白山牛、朝鲜牛、沿江牛，是东北地区几个地方黄牛类群合并后的品种名称。属于役肉兼用型地方品种，产肉性能优异。

1）**产地与分布** 延边牛属寒、温带山区的役肉兼用品种。主要产于吉林省延边朝鲜族自治州的延吉、和龙、汪清、珲春及毗邻各县。分布于黑龙江省的牡丹江、松花江、合江三个流域的宁安、海林、东宁、林口、桦南、桦川、依兰、勃利、五常、尚志、延寿、通河等县，以及辽宁省宽甸县沿鸭绿江一带朝鲜族聚居的水田地区。

2）**外貌特征** 体质结实，骨骼坚实，胸部深宽，被毛长而密，毛色多呈深浅不同的黄色，皮厚而有弹力。公牛头方、额宽。角基粗大，角多向外后方伸展，呈一字形或倒八字形。颈厚而隆起，肌肉发达。母牛头大小适中，角细而长，多为龙门角，乳房发育较好。成年公牛体重 460 千克，体高 130.6 厘米；成年母牛体重 360 千克，体高 121.8 厘米。

3）**生产性能** 延边牛役用能力强，公、母牛的最大挽力分别为体重的 75% 和 84.4%，适合于水田作业，且善走山路。经 180 天育肥的 18 月龄公牛，胴体重为 265.8 千克，屠宰率 57.7%，净肉率 47.2%，平均日增重 813 克，眼肌面积 75.8 厘米^2。母牛泌乳期 6 ~ 7 个月，平均乳量 500 ~ 700 千克，乳脂率 5.8% ~ 6.6%。母牛 20 ~ 24 月龄初配，利用年限 10 ~ 13 岁。该牛有耐寒、耐粗、抗病力强的特性，是我国宝贵的耐寒黄牛品种。

7. 蒙古牛 蒙古牛是我国北方最古老的地方品种之一，役乳兼用、经济性状比较全面。

1）**产地与分布** 蒙古牛是我国黄牛中分布最广、数量最多的品种，原产于蒙古高原，以兴安岭东、西两麓为主，东北、华北至西北各省北部也有分布。此外，蒙古、俄罗斯及中亚的一些国家也有饲养，属于古老品种。

2）外貌特征　蒙古牛体格中等，各地区类型间差异明显，躯体稍长，前躯比后躯发育好。头短、宽而粗重，颈部短而薄，颈垂不发达，鬐甲低平。胸部狭深，背腰平直，后躯短窄，荐骨高，尻部尖斜。四肢粗短，后腿肌肉不发达。毛色以黄褐色及黑色居多。

3）生产性能　蒙古牛具有肉、乳、役多种经济用途，但肉、乳生产水平不高，为非专门化品种。蒙古牛产后 100 天，平均日产乳 5 千克，含脂率 5.22%。母牛初情期为 8～12 月龄，24 月龄始配，因四季营养极不平衡而表现季节性发情，中等营养的成年阉牛屠宰率 53.0%，净肉率 44.6%，眼肌面积 56.0 厘米 ^{2}。抓膘能力强。乌珠穆沁牛是蒙古牛中的一个优良类群，主要产于东乌旗和西乌旗，其中以乌拉盖河流域的牛群品质最好。

（三）培育品种

1. 夏南牛　夏南牛是以法国夏洛来牛为父本，以南阳牛为母本，采用导入杂交、横交固定和自群繁育三个阶段、开放式育种方法培育而成的肉用牛新品种。夏南牛体质健壮，抗逆性强，性情温驯，行动较慢；耐粗饲，食量大，采食速度快，耐寒冷，耐热性能稍差。

1）产地与分布　主要产于河南省泌阳县，驻马店市西部的附近县域也有分布。

2）外貌特征　毛色纯正，以浅黄、米黄色居多。公牛头方正，额平直，成年公牛额部有卷毛，母牛头部清秀，额平稍长；公牛角呈锥状，水平向两侧延伸，母牛角细圆，致密光滑，多向前倾；耳中等大小；鼻镜为肉色。颈粗壮，平直。成年牛结构匀称，体躯呈长方形，胸深而宽，肋圆，背腰平直，肌肉比较丰满，尻部长、宽、平、直。四肢粗壮，蹄质坚实，蹄壳多为肉色。尾细长。母牛乳房发育较好。

3）生产性能　夏南牛初情期平均 432 天，最早 290 天；发情周期平均 20 天；初配时间平均 490 天；妊娠期平均 285 天，产后发情时间平均为 60 天；难产率 1.05%，公牛、母牛平均初生重分别为 38 千克和 37 千克。

2. 三河牛　三河牛由多个品种选育而来，主要有西门塔尔牛，另外还有西伯利亚牛、俄罗斯改良牛、后贝加尔土种牛、塔吉尔牛、雅罗斯拉夫牛、瑞典牛等，经过复杂杂交、横交固定和选育提高而形成。三河牛适应性强、耐粗饲、耐高寒、抗病力强、易放牧、乳脂率高、遗传性能稳定。

1）产地与分布 三河牛是中国培育的乳肉兼用品种。产于额尔古纳市三河地区而得名，分布于附近的兴安盟、通辽市、锡林郭勒盟等地区。

2）外貌特征 三河牛体质结实，肌肉发达。头清秀，眼大，角粗细适中，稍向前上方弯曲，胸深，背腰平直，腹圆大，体躯较长，肢势端正，母牛乳房发育良好。毛色以红（黄）白花为主，花片分明，头部全白或额部有白斑，四肢在膝关节以下、腹下及尾梢为白色。

3）生产性能 三河牛是中国培育的第一个乳肉兼用品种，三河牛适应性强、耐粗饲、耐高寒、抗病力强、适宜放牧、乳脂率高、遗传性能稳定。产奶量：基础母牛平均产奶量 510 5.77 千克，最高个体产奶量 9 670 千克。乳脂率：三河牛乳脂率高，平均乳脂率达 4.06% 以上，乳蛋白在 3.19% 以上，干物质在 12.90%。产肉性能：18 月龄以上公、阉牛经过短期育肥后，屠宰率为 55%，净肉率为 45%。三河牛肉质脂肪少，肉质细，大理石纹明显，色泽鲜红，鲜嫩可口，熟肉率经测定为 1：0.573。具有完善的氨基酸含量，尤为突出的是有较高的赖氨酸，明显高于其他品种。

3. 新疆褐牛 新疆褐牛属于乳肉兼用培育品种，由瑞士褐牛和含有瑞士褐牛血统的阿拉塔乌牛和少量的科斯特罗姆牛与当地哈萨克牛杂交培育而来。

1）产地与分布 主要产于新疆天山北麓的西端伊犁地区和准噶尔界山塔城地区的牧区和半农半牧区。分布于阿勒泰地区、乌鲁木齐市、昌河回族自治州、巴音郭楞蒙古自治州及南疆部分县、市。

2）外貌特征 新疆褐牛体躯健壮，结构匀称，骨骼结实，肌肉丰满。头部清秀，角中等大小、向侧前上方弯曲，呈半椭圆形。唇嘴方正，颈长短适中，颈肩结合良好。胸部宽深，背腰平直，腰部丰满，尻方正。被毛为深浅不一的褐色，额顶、角基、口轮周围及背线为灰白色或黄白色，眼睑、鼻镜、尾帚、蹄呈深褐色。成年公牛体重约为 950 千克，母牛约为 500 千克。

3）生产性能 在舍饲条件下，新疆褐牛平均产奶量为 2 100～3 500 千克，乳脂率 4.03%～4.08%，乳干物质 13.45%。在放牧条件下，泌乳期约 150 天，产奶量 1 000 千克左右，乳脂率 4.43%。

新疆褐牛在自然放牧条件下，18 月龄阉牛，宰前体重 228 千克，屠宰率 42.9%；成年公牛 433 千克时屠宰，屠宰率 53.1%，眼肌面积 76.6 厘米^2。

该牛适应性好，抗病力强，在草场放牧可耐受严寒和酷暑环境。

四、肉牛的饲料与饲养管理标准化

（一）肉牛的营养需要

肉牛的营养需要是指肉牛维持生命基本需要，即满足生长、发育、生殖、生产对能量、蛋白质、矿物质及维生素等营养物质的需要量。肉牛对各种物质的需要因其品种、年龄、性别、生产目的、生产性能不同而异，不同的生理阶段营养需要也不相同，可以划分为以下几种。

1. 维持需要　维持需要是指在维持一定体重的情况下，保持生理功能正常所需的养分。通常情况下，牛所采食的营养有 1/3 到 1/2 用于维持，维持需要越少越经济。影响维持需要的因素有：运动、气候、应激（也称逆境）、卫生环境、个体大小、牛的习性和禀性、生产管理水平和是否哺乳等。

2. 生长需要　生长需要指满足牛体躯骨骼、肌肉、内脏器官及其他部位体积增加所需的养分。在经济上有重要意义的是肌肉、脂肪和乳房发育所需的养分，这些营养要求因牛的年龄、品种、性别及健康状况而异。

3. 繁殖需要　母牛正常生育所需的营养。包括使母牛不过于消瘦以致奶量不足、被哺乳的犊牛因体重小而衰弱、母牛在最后 1/3 怀孕期增膘，以利于产后再孕的营养需求。

4. 育肥需要　育肥是为了增加牛的肌肉间、皮下和腔脏间脂肪存积所需的养分。育肥能改善肉的风味、柔嫩度、产量等级和销售等级，提高肉牛业的经济效益。

5. 泌乳需要　泌乳营养是促使妊娠母牛产犊后给犊牛提供足够乳汁所需的养分。过瘦的母牛常常产后乏奶，这在黄牛繁殖时常出现，原因是妊娠后期母牛营养不足所致。

（二）肉牛需要的营养成分

1. 能量需要　肉牛需要的能量来自饲料中的碳水化合物、脂肪和蛋白质，但主要来源是碳水化合物。作为饲料的碳水化合物种类很多，如谷物籽实、饲草、块根等，各种饲料对牛的能量价值不同，表现在能量的消化率、消化能或代谢酸转化为净能的效率不同。

目前，世界上多数国家的肉牛的饲养标准都采用净能体系，我国采用的是综合净能值（NEmf），综合净能＝维持净能＋增重净能，用肉牛能量单位（RND）表示，1个肉牛能量单位为1千克中等玉米的综合净能值，即8.08兆焦，原因是我国许多地方都用玉米作为主要能量饲料，这种综合净能值的计算符合我国国情，便于在生产中推广应用。

RND＝NEmf（兆焦）/8.08

1）生长育肥牛的能量需要

（1）维持净能需要　生长育肥牛在适宜环境温度（15～18℃，舒适）条件下舍饲，轻微活动，无不良应激，维持体温、呼吸、心跳、神经内分泌功能等基本生命活动的代谢产热所需净能（千焦）为 $322W^{0.75}$（$W^{0.75}$ 为代谢体重，即体重的0.75次方），体重与代谢体重换算见表4-1。当环境温度低于12℃时，每降低1℃，维持净能增加1%。

表4-1　体重与代谢体重换算表

体重（千克）	代谢体重（$W^{0.75}$）	体重（千克）	代谢体重（$W^{0.75}$）	体重（千克）	代谢体重（$W^{0.75}$）	体重（千克）	代谢体重（$W^{0.75}$）	体重（千克）	代谢体重（$W^{0.75}$）
20	9.5	78	26.25	128	38.05	290	70.17	540	112.02
25	11.2	80	26.75	130	38.50	300	72.08	550	113.57
30	12.82	82	27.25	132	38.94	310	73.88	560	115.12
32	13.45	84	27.75	134	39.38	320	75.66	570	116.66
36	14.70	86	28.24	136	39.82	330	77.43	580	118.19
38	15.31	88	28.73	138	40.26	340	79.18	590	119.71
40	15.91	90	29.22	140	40.70	350	80.92	600	121.23
42	16.50	92	29.71	142	41.14	360	82.65	610	122.74
44	17.08	94	30.19	144	41.57	370	84.36	620	124.25

体重（千克）	代谢体重（$W^{0.75}$）	体重（千克）	代谢体重（$W^{0.75}$）	体重（千克）	代谢体重（$W^{0.75}$）	体重（千克）	代谢体重（$W^{0.75}$）	体重（千克）	代谢体重（$W^{0.75}$）
46	17.66	96	30.67	146	42.00	380	86.07	630	125.75
48	18.24	98	31.15	148	42.43	390	87.76	640	127.24
50	18.80	100	31.62	150	42.86	400	89.44	650	128.73
52	19.36	102	32.10	160	44.99	410	91.11	660	130.21
54	19.92	104	32.57	170	47.08	420	92.78	670	131.69
56	20.47	106	33.04	180	49.14	430	94.43	680	133.16
58	21.02	108	33.50	190	51.18	440	96.07	690	134.63
60	21.56	110	33.97	200	53.18	450	97.70	700	136.09
62	22.10	112	34.43	210	55.17	460	99.33	710	137.55
64	22.63	114	34.89	220	57.12	470	100.94	720	138.99
66	23.16	116	35.35	230	59.06	480	102.55		
68	23.68	118	35.80	140	60.98	490	104.15		
70	24.20	120	36.26	250	62.87	500	105.74		
72	24.72	122	36.71	260	64.75	510	107.32		
74	25.23	124	37.16	270	66.61	520	108.89		
76	25.74	126	37.61	280	68.45	530	110.46		

生长育肥牛的增重净能（千焦）为 $(2\,092+25.1W)\times\dfrac{日粮重}{1-(0.3\times日增重)}$ 式中 W 为体重（千克）。

因此生长育肥牛的综合净能（NEmf）需要为：

$$NEmf（kJ）=322W^{0.75}+(2\,092+25.1W)\times\dfrac{日粮重}{1-(0.3\times日增重)}$$

2）生长母牛的综合净能需要　维持净能需要为 $322W^{0.75}$，增重净能需要按生长育肥牛的 110% 计算。

3）繁殖母牛的综合净能需要　妊娠后期母牛维持净能需要在 $322W^{0.75}$ 的基础上加上不同妊娠天数每千克胎儿增重需要的维持净能（ $0.197\,69t-11.761\,22$，式中 t 为妊娠天数）。

4）哺乳母牛的能量需要　维持净能需要为 $322W^{0.75}$，泌乳的能量需要为每千克 4% 乳脂率的标准乳为 3 138 千焦，代谢能用于维持和产奶的效率相似，所以哺乳母牛的维持和产奶净能需要都以维持净能表示。

2. 蛋白质需要 蛋白质是肉牛维持生命、生长和繁殖不可缺少的物质。在肉牛的生长发育、增膘、产奶等过程中，各组织都要不断地利用蛋白质来加以增长、修补和更新；精子和卵子的产生都需要蛋白质。蛋白质在牛体内也可以像碳水化合物和脂肪一样，转变成热量，供牛满足维持生命的需要；而碳水化合物和脂肪却不能代替蛋白质的功能。无论幼牛、青年牛、成年牛均需要一定数量的蛋白质。

饲料中的蛋白质是由各种氨基酸组成的，牛对蛋白质的需要实质上是对氨基酸的需要。有些氨基酸在牛体内不能合成，或合成数量不能满足牛正常生长需要，必须从日粮中获得，这些氨基酸称之为必需氨基酸。必需氨基酸包括蛋氨酸、色氨酸、赖氨酸、精氨酸、胱氨酸、甘氨酸、酪氨酸、亮氨酸、异亮氨酸、缬氨酸、苯丙氨酸、苏氨酸等。由于牛的消化生理特点，饲料中非蛋白氮也是牛获取氨基酸的补充。非蛋白氮包括尿素及其衍生物，肽类及其衍生物，有机铵及无机铵等，最常用的是尿素，1克尿素相当于2.8克蛋白质或7克豆饼中所含的氮。蛋白质的缺乏会造成牛生长缓慢、体重减少、消化功能减退、生产性能下降、抗病力减弱、繁殖功能紊乱等；蛋白质过剩时虽然机体可以通过氮代谢加以调节，使多余的氮排出体外，但长期、大量的过剩会引起代谢紊乱，导致中毒。

1）**蛋白质的维持需要** 蛋白质的维持需要量是指维持肉牛正常生命活动所需的蛋白质量，主要是通过测定在绝食状态下牛体内每日所排出的内源性尿氮（N）量来确定。根据国内的饲养试验和消化代谢试验，维持需要的小肠可消化粗蛋白质量（克）为 $3.0W^{0.75}$，也就是需要粗蛋白质量（克）为 $4.6W^{0.75}$（肉牛对粗蛋白质的消化率为0.65，W 为肉牛体重）。不足200千克小牛所需粗蛋白质维持量为 $4.0W^{0.75}$。

2）**增重的蛋白质需要量** 增重中蛋白质沉积量，以系列氮平衡实验或对比屠宰实验确定。每日增重的蛋白质沉积量（克）$=\Delta W(168.07 - 0.168\ 69W + 0.000\ 163\ 3W^2) \times (1.12 - 0.122\ 3\Delta W)$

式中：W—体重（千克）；ΔW—日增重（千克）。

因此生长育肥牛的蛋白需要量（克）$=4.6W^{0.75} + \Delta W(168.07 - 0.168\ 69W + 0.000\ 163\ 3W^2) \times (1.12 - 0.122\ 3\Delta W)$

3）**妊娠母牛的蛋白需要** 妊娠母牛的蛋白质需要量在维持量（$4.6W^{0.75}$克）的基础上增加相应的子宫内容物蛋白质沉积量，在妊娠最后4个月，分别增77克、145克、255克、403克。

4）泌乳母牛的蛋白质需要 泌乳母牛的蛋白质需要量在维持量（$4.6W^{0.75}$ 克）的基础上，每生产 1 千克 4% 乳脂率的标准乳需要增加 85 克粗蛋白质。

3. 矿物质需要 肉牛体内的矿物质种类很多。虽然矿物质需要总量仅占体重的 3% ~ 4%，但它们是构建机体组织的必需物质，存在于肌肉、血液、皮肤、体液、消化液、骨骼等各种组织器官中，几乎参与了机体所有的生命活动：组成骨骼和牙齿；参与神经、肌肉兴奋性的传递与调节；作为酶和辅酶的组成，参与碳水化合物、脂肪、蛋白质的代谢及其他多种生命过程；作为血液和体液的成分参与酸碱度和渗透压的调节，参与激素对各种生命活动的调节等。

根据矿物质在机体内的含量将其分为常量元素和微量元素。常量元素：体内含量在体重的万分之一以上，如钙、磷、钠、氯、钾、硫、镁。微量元素：体内含量在体重的万分之一以下，如铁、铜、钴、碘、锌、硒等。

矿物质急性缺乏或因急性缺乏引起的急性死亡在生产中很少见，但任何一种矿物质的供应不足，均会导致牛体的衰弱、功能紊乱，表现在食欲减退、饲料利用率降低、繁殖功能受损、骨骼病变、生长阻滞等；矿物质食入超过安全用量，会造成危害或引起急性中毒，影响其他元素的吸收或需要量。

1）钙与磷 是构成骨骼、牙齿的主要物质，钙还参与凝血过程、肌肉和神经兴奋性的调节；磷参与血液、体液、消化液的酸碱度调节，能量和脂肪代谢，是组成核酸、磷脂的主要成分。肉牛对钙、磷的吸收是成比例的，最佳比例应为（1.3 ~ 2）：1，维生素 D 可以促进钙、磷的吸收，在使用尿素作为粗蛋白质饲料时还需补充一定数量的钙、磷。钙、磷缺乏或钙、磷比例不当、饲喂不当，会引起犊牛佝偻病，成年牛软骨病、骨质疏松症；缺磷牛会出现关节僵硬，生长缓慢、繁殖障碍等。

2）钠与氯 钠、氯广泛存在于牛体的各种组织和体液中，调节酸碱平衡、渗透压，参与水、脂肪及其他矿物质代谢。钠与其他元素一起参与肌肉神经的调节，是参与膜主动运输的主要物质；氯是胃液中盐酸（HCl）的组成成分，对消化吸收起重要作用。

3）镁 镁是形成骨骼、牙齿的成分之一，与钙、磷代谢密切相关，也是多种酶的活化剂，参与糖、蛋白质的代谢，是维持肌肉传导功能所必需的物质。缺镁会出现痉挛症状，过量的镁会引起腹泻。镁的维持需要量：幼牛为日粮干物质的 0.07%；产乳牛为日粮干物质的 0.2%，产乳早期为日粮干物质的 0.25%。

4）硫 硫约占牛体组织的 0.15%，是组成含硫氨基酸（蛋氨酸、胱氨酸、半胱氨酸）的原料物质及维生素 B_1、生物素、胰岛素、辅酶 A 等的必需成分。缺硫不仅会导致消化率降低，增重减慢，还会影响铜、锰的吸收利用，过量硫供应则会导致干物质食入量减少。

5）钾 钾在牛体内发挥着维持渗透压、水盐代谢、酸碱平衡、神经肌肉正常功能和酶反应等作用，是参与膜主动运输的主要物质。钾的维持需要量约为日粮干物质的 0.65%；在应激特别是夏季热应激时，钾的需要量可增至 1.2%。缺钾症表现为无力、体重下降、异食癖、被毛粗糙、血浆钾量下降。粗饲料中含钾丰富，一般不需要给牛补钾。

6）铁 铁是血红蛋白、肌红蛋白、细胞色素等及若干酶体系的必需成分，成年牛铁维持需要量为每千克日粮干物质 75 毫克，犊牛为每千克日粮干物质 100 毫克。缺铁会导致牛生长缓慢，出现营养性贫血，抗病力下降。牛对铁具有很强的耐受性，日粮干物质中牛对铁的最大耐受量是 1 000 毫克 / 千克，超过此量可能引起牛铁中毒。

7）铜 铜是血红蛋白生成的必需物质，是血浆铜盐蛋白和血细胞铜蛋白等的组成成分，铜还通过组成酶（细胞色素氧化酶、过氧化物歧化酶、铁氧化酶等）和辅酶参与机体代谢。由于影响牛对日粮中铜吸收的因素很多，铜的维持需要推荐量为每千克日粮干物质 6 ~ 12 毫克。缺铜症表现为腹泻、贫血、生长不良、骨骼异常、神经系统受损、共济失调、生殖紊乱，甚至不育；摄取过量铜会发生铜中毒，铜中毒表现为溶血、黄疸、血红蛋白尿等。

8）钴 钴是维生素 B_{12} 的主要成分，是瘤胃微生物合成维生素 B_{12} 的必需物质，钴还可以通过活化磷酸葡萄糖转位酶和精氨酸酶等酶类参与蛋白质和碳水化合物代谢，钴的维持需要量为每千克日粮干物质 0.1 ~ 0.2 毫克。牛缺钴会使瘤胃微生物区系改变，表现为维生素 B_{12} 缺乏症的症状，如食欲不佳、贫血，犊牛或育成牛生长停滞等。

9）碘 碘是构成甲状腺激素的主要成分。甲状腺激素可调节细胞的氧化速度，参与机体的基础代谢，尤其是能量代谢，对牛的生长、生产、生殖均有重要影响。碘缺乏可使甲状腺肿大，基础代谢率降低；犊牛生长缓慢、骨架小；成年牛性周期紊乱；孕牛流产、死胎、弱犊。长期食用缺碘地区的饲料、降低日粮碘利用率的饲料（蛋白质饲料、十字花科和豆科牧草等）均会引起缺碘症。

10）硒 硒是谷胱甘肽过氧化酶的主要成分，谷胱甘肽过氧化酶有抗氧化作用；

硒还是细胞色素 C 的成分，细胞色素 C 参与蛋白质辅酶 A、Q 的合成；硒还具有增强抗病力、促进机体免疫抗体的产生、维持精子生成的作用，能降低重金属盐（汞、铅、银、镉等）毒性。缺硒会引起犊牛生长受阻，发生心肌和骨骼肌萎缩，白肌病，肝脾变性、出血、水肿，贫血，腹泻，母牛受胎率低、胎儿早期流产、胎衣滞留等。硒的吸收利用与硒存在的形式、动物生理及协同或拮抗因子的存在有关。维持需要量推荐为每千克日粮干物质 0.1 ～ 0.3 毫克。

11）锌　锌存在于众多的酶系中，如碳酸酐酶、呼吸酶、乳酸脱氢酶、超氧化物歧化酶、碱性磷酸酶、DNA 和 RNA 聚合酶，是核酸、蛋白质、碳水化合物的合成和维生素 A 利用的必需物质。在人体生长发育和免疫等生理过程中起着极其重要的作用。缺锌症表现为食欲减退，饲料利用率降低，生长受阻，表皮组织受损，严重缺锌可导致睾丸发育受阻、精子生成停止等，对感染的易发性和发病率提高。高钙拮抗锌的吸收，高锌对铁、铜、钙吸收不利。牛对锌的耐受性较大，但高锌会危害瘤胃微生物，造成消化紊乱。锌的维持需要量推荐每千克日粮干物质 30 ～ 50 毫克。

在一般的饲养条件下，各种矿物质的过量中毒现象很少出现，多表现为缺乏症。牛对一些矿物质的耐受量和中毒量见表 4-2。

表4-2　牛对一些矿物质的耐受量和中毒量

（毫克 / 千克日粮干物质）

名称	耐受量	中毒量
铁	500	7 500
锰	40	40 ～ 100
铜	50	50 ～ 300
钴	30	>40
锌	150	150 ～ 420
钼	6	18
碘	8～20	50 ～ 100
硒	2～5	>5

4. 维生素需要　维生素是维持肉牛生长、生殖、生产和健康保健所必需的小分子有机物，参与机体的代谢和调节，虽然日需量很少，但不可或缺，任何一种维生素的缺乏都会引起营养代谢紊乱。肉牛需要的维生素有脂溶性维生素和水溶性维生素两类：前者包括维生素 A、维生素 D、维生素 E、维生素 K，后者包括 B 族维生素和维生素 C 等。牛自身及瘤胃微生物能合成部分维生素，如维生素 K、维生素 D

和部分 B 族维生素。维生素的长期或过量使用会造成中毒症，尤其是脂溶性维生素，很容易发生蓄积中毒。

1）维生素 A 维生素 A 又称视黄醇（其醛衍生物视黄醛）或抗干眼症因子，对维持牛正常的视觉、骨骼生长及皮肤、黏膜和生殖等上皮组织的完整性具有十分重要的作用。维生素 A 缺乏时会出现干眼症、夜盲症，皮肤粗糙，生殖紊乱，皮肤、黏膜、腺体、气管上皮受损，抵抗力下降。维生素 A 仅存于动物性饲料中。植物性饲料中的胡萝卜素可以在小肠壁、肝等器官内的胡萝卜素酶作用下转变为活性维生素 A，因此，除动物性饲料外，只要每日供给足够的青绿饲料及其他富含胡萝卜素的饲料（如胡萝卜、黄心甘薯、南瓜、黄玉米等），均能满足牛对维生素 A 的需要。

2）维生素 D 维生素 D 为固醇类衍生物，有抗佝偻病作用，又称抗佝偻病维生素。具有促进钙磷吸收、调节体液与骨骼钙磷平衡的作用。维生素 D 缺乏时犊牛表现佝偻病，成牛表现软骨病。牛皮下维生素 D 原（麦角甾醇和 F 脱氢胆甾醇）经阳光照射可转化为维生素 D，因此，只要有充足的日晒或摄食足量的晒制干草，无须再补充维生素 D。

3）维生素 E 维生素 E 也称生育酚，有抗老化、抗氧化、维护红细胞及外周血管系统、骨髓、肌肉正常功能，促进激素（性激素、甲状腺激素、促肾上腺皮质激素）分泌，提高抗病力，改善生殖功能。维生素 E 与硒具有协同作用，维生素 E 缺乏症和与缺硒症相似。成年牛不易出现维生素 E 缺乏症，对妊娠和泌乳牛推荐维生素 E 使用量为每日 500～1 000 国际单位。

4）叶酸 叶酸参与多种氨基酸、嘌呤等的合成、转化，与维生素 B_{12}、维生素 C 一起参与红细胞和血红蛋白、免疫球蛋白的生成，对造血组织、消化道黏膜及胎儿十分重要。叶酸缺乏时，细胞的分裂和成熟不完全，易患巨幼细胞性贫血、腹泻、生长发育受阻、肝功能不全。

5. 饮水需量 水虽然不是营养物质，但水是牛体内物质溶解、吸收、运输、废物排泄、体温调节等生理活动的基础，肉牛体内水占体重的 55%～65%，缺水会导致消化吸收障碍、代谢紊乱、代谢废物蓄积，体内水分损失 20%，即可导致死亡。水的摄取量受牛的生理状态（年龄、泌乳、妊娠、体表和呼吸道蒸发程度等）、干物质摄取量、日粮含水量、环境温湿度和水的品质等因素的影响，在 18～20℃气温下，肉牛每 100 千克体重需水 10 升，夏天需增加 2 升。

（三）饲料的资源与加工

肉牛是大型草食家畜，摄取的食物种类繁多，数量庞大，且形态各异，在饲喂的过程中各种饲料还要根据其所含有的营养价值和调制方法相互搭配。根据饲料中自然水分的含量及饲料干物质中粗纤维和粗蛋白的含量，结合中国传统的饲料分类习惯，将饲料原料分为以下几类，分别做以简单介绍。

1. 饲料的资源及特性

1）粗饲料　粗饲料是指饲料干物质中粗纤维含量等于或高于18%，以风干物形式饲喂的饲料，如农作物秸秆、干草、树叶、糟渣等。这类饲料的营养价值一般较其他饲料低，但种类繁多，来源广泛，产量高而价格低。

（1）青干草　细茎的牧草、野草或其他植物，在结籽前收割其全部茎叶，经自然干燥（日晒）或人工干燥（烘烤）蒸发其大部分的水分，干燥到能长期贮存的程度，即成为青干草（图4-1）。青干草在牛的日粮中占重要的地位，为牛提供大量的营养物质。青干草是一种较好的粗饲料，是肉牛的最基本、最主要的饲料。调制干草方法有自然干燥和人工干燥两种。国际上已有多个国家采用人工干燥法，国内仍以自然干燥为主，如摊晒晾干（图4-2）。同一原料，用不同方法或同一方法而调制过程不同，养分的损失不同。

图4-1　青干草

图4-2 摊晒晾干

（2）秸秆类饲料

①谷草的营养价值在禾本科秸秆中居首位，相当于品质中下等的青干草。它叶片多，压扁切碎后，适口性好。

②麦类作物秸秆，如小麦秸秆、大麦秸秆、小黑麦秸秆、燕麦秸秆（图4-3）、黑麦秸秆等，以燕麦秸秆为最好，黑麦秸秆最差。

图4-3 燕麦秸秆

③稻草（图 4-4）是水稻种植区役用家畜的主要饲料之一，营养价值优于麦秸。在使用过程中应注意霉烂及泥沙等夹杂物。

图 4-4　稻草

④玉米秸秆。当玉米果穗收获之时，茎叶尚有绿色，饲用价值较高，砍割后由于干燥与贮藏过程中经风吹、日晒、雨淋，营养干物质损失达 20% 左右，玉米秸秆最好的利用方式是调制青贮饲料。

⑤豌豆蔓。豌豆的品种很多，各品种间蔓的产量与营养价值差别很大。但总的来看，豌豆蔓质地较软，营养价值较高，是各种秸秆中较好的。

2）**青绿饲料**　青绿饲料是自然水分含量大于 60% 的一类饲料，饲喂方式以鲜喂或放牧为主。其中包括：天然牧草、栽培牧草、田间杂草、嫩枝树叶、菜叶类、藤蔓，以及非淀粉质的块根茎类及瓜果类。青绿饲料富含粗蛋白质，氨基酸组成均衡，含有对泌乳家畜特别有利的叶绿蛋白，生物学价值较高。青绿饲料含有各种维生素和丰富的钙、钾等元素，幼嫩多汁，适口性好，具有刺激消化腺的分泌作用，消化率高，并可提高整个日粮的利用率。

3）**青贮饲料**　青贮饲料是将新鲜的青刈饲料作物、牧草、野草及收获籽实后的玉米秸秆和各种藤蔓等，在厌氧条件下，经过微生物的发酵作用，制成一种具有特殊气味、适口性好、营养丰富的饲料。

4）**能量饲料**　能量饲料是指干物质中粗纤维含量低于 18%，粗蛋白质含量低于 20% 的饲料，包括谷实类饲料，麸糠类饲料，淀粉质块根、块茎、果类饲料等。肉牛饲养常用的能量饲料为谷实饲料和麸糠类饲料。

（1）谷实类饲料的营养　几种主要谷实类饲料的营养特点如下：

①玉米。玉米是肉牛的主要能量饲料，富含亚油酸，蛋白质含量较低（9%），品质欠佳，缺乏赖氨酸和色氨酸，日粮配比时需与饼粕类饲料搭配，黄色玉米中含有胡萝卜素和硫胺素，钙、磷含量低。玉米入仓贮存时，含水量不得高于14%，否则极易腐败变质，感染黄曲霉。

②高粱。高粱的代谢能水平与玉米相当，是很好的能量饲料，且抗逆性比玉米强，但含单宁过多，适口性差，在日粮中应限量使用，一般不超过日粮的20%。喂前最好压碎。

③大麦籽实。大麦籽实有两种，带壳者叫草大麦，不带壳者叫裸大麦。草大麦代谢能水平较低，适口性很好；裸大麦代谢能高于草大麦，蛋白质含量高，与小麦相似，喂前必须压扁，但不要磨细。

④燕麦籽实。燕麦籽实粗纤维和蛋白质含量分别为8%和11.5%，代谢能是所有谷实类饲料中最高的。

⑤糙大米和碎大米。糙大米是稻谷脱去砻糠（外壳）后带有内壳的籽粒，代谢能水平高，为3.34兆卡/千克，与玉米籽实相近，蛋白质含量也与玉米籽实相近，碎大米是糙大米脱去大米糠（内壳）制作食用大米时的破碎粒，含有少量大米糠，代谢能水平与玉米近似。

（2）麸糠类饲料　麸糠类饲料主要是指小麦麸和大米糠，另外还有高粱麸（细糠）、玉米麸（细糠）、小米细糠（小米糠）。蛋白质含量约15%，比谷实类饲料高；B族维生素含量丰富，维生素E含量较多；物理结构疏松，含适量的粗纤维和硫酸盐类，有轻泻作用；含钙少，含磷多；有吸水性，容易发霉变质。代谢能低于谷实类。小麦麸是肉牛良好的饲料，可称为保健性饲料。因其结构疏松而且含有轻泻性盐类，有助于胃肠蠕动，保持消化道的健康。大米糠粗脂肪含量高，代谢能在麸糠类饲料中最高。

5）蛋白质饲料　蛋白质饲料指干物质中粗蛋白质含量大于或等于20%，粗纤维含量低于18%的饲料，包括植物性蛋白质饲料、动物性蛋白质饲料、尿素类饲料。

（1）植物性蛋白质饲料　植物性蛋白质饲料指富含油质的植物籽实脱除油脂后的加工副产品，主要包括大豆饼（粕）、棉饼（粕）、菜籽饼（粕）、花生饼、亚麻饼（粕）。

①大豆饼（粕）。大豆饼（粕）是所有饼（粕）中最为优越的，代谢能较高，适口性好，粗蛋白质含量较高（40%~44%），是肉牛主要的蛋白质饲料。生大豆和未经加热的大豆饼（粕）含有胰蛋白酶抑制因子、皂苷、皂素，不能直接饲喂牛，必须熟制才能饲喂。

②棉籽饼（粕）。棉花籽实脱油后的饼（粕），因加工条件不同，营养价值相差很大。主要影响因素是棉籽壳和棉绒是否去掉和脱掉的程度，这决定了可利用能量水平和粗蛋白质含量。

棉仁中含有棉酚，加工技术不同，棉仁饼（粕）中棉酚的含量不同。肉牛对棉酚的耐受性较强，但长期食用会造成积蓄中毒。因此，日粮中应限制其用量，成年母牛日粮不应超过混合料的20%，或日喂量不超过1.4~1.8千克。

③菜籽饼（粕）。菜籽饼（粕）中可利用能量水平低，蛋白质含量中等，适口性较差（图4-5）。菜籽饼（粕）中含有芥子苷物质，用水浸泡或进入消化道后受芥子水解酶作用，形成异硫氰酸丙烯酯、噁唑烷酮等，这些物质有毒，可引起家畜中毒。因此，应限量使用，日喂量1~1.5千克，犊牛和怀孕母牛最好不喂。

④花生饼（粕）。去壳脱油的花生仁饼（粕）营养价值高，代谢能超过大豆饼（粕），蛋白质含量与大豆饼（粕）相当，而且适

图4-5　菜籽饼（粕）

口性好，有香味；但很易染上黄曲霉，产生黄曲霉毒素。因此，在使用时，应注意其贮藏条件。饲喂过多，可引起肉牛下泻。

⑤亚麻籽饼（粕）。亚麻籽饼（粕）含有一种黏性胶质，可吸收大量水分而膨胀，在瘤胃中滞留时间延长，有利于微生物对饲料进行消化。但亚麻仁饼中含有亚麻苷配糖体，经亚麻酶的作用，产生氰氢酸，可引起家畜中毒。将亚麻仁饼在开水中煮10分，使亚麻酶失活，可防止中毒。亚麻仁饼缺乏赖氨酸。

⑥糟渣类饲料。肉牛饲养中常用的糟渣类饲料有酒糟、啤酒糟、豆腐渣、玉米淀粉提粉渣和甜菜渣等。糟渣类饲料含有较多的能量和蛋白质，体积大，适口性好，但含水量高，易于腐败变质，最好鲜喂。

（2）动物性蛋白质饲料　这类饲料主要指肉食加工副产品、渔业加工副产品、乳及乳制品工业副产品等；包括乳、脱脂乳、鱼粉、血粉、肉粉、肉骨粉、蚕蛹、羽毛粉、蚯蚓、食蛆及单细胞蛋白质等。

动物性蛋白质饲料含蛋白质量高，品质佳，所含氨基酸齐全，比例合理，生物学价值高，特别是必需氨基酸（如色氨酸）含量丰富；含钙、磷充分且比例合适，利用率高；富含维生素 B_{12} 和维生素 D。因此，属优质蛋白质饲料。

（3）尿素类饲料　尿素是一种非蛋白质氮素化合物，含有45%的氮素。氮素在瘤胃内被微生物利用转化为菌体蛋白，之后在肠道消化酶作用下被牛体消化利用。蛋白质含量低（低于10%），能量含量高，谷类和玉米青贮等饲料蛋白质含量低的日粮，需根据日粮中蛋白含量计算所添加尿素的量。

尿素不易吞咽，应与谷类或青贮饲料混喂；饲喂尿素前应给予7~10天适应期，以后逐渐提高尿素用量至正常饲喂量；经常喂尿素，可提高肉牛对尿素的利用率；高含量尿素可引起中毒，因此尿素不宜撒在饲粮表面喂给；泌乳牛用量应受限制；不能将尿素溶在水里供牛饮用，也不能饲喂尿素后1小时内让牛饮水，以免尿素迅速分解，产生大量氨而引起中毒。

6）矿物质饲料　矿物质对维持家畜的正常生理、生长、繁殖和生产是十分必要的，同时对整个日粮的消化利用也起到一定的促进作用。天然饲料中都含有矿物质，但大多数不够全面，与家畜对矿物质营养的要求不相适应，若牛能采食多种饲料，使矿物质得到补充，基本上能满足机体健康和正常生长的需要，但对泌乳牛来说是不够的，需人为补给以平衡营养的需要。

7）饲料添加剂　饲料添加剂是指在饲料生产、使用过程中加入饲料中的少量或微量物质，在饲料中用量很少但作用显著。饲料添加剂对强化基础饲料营养价值，提高动物生产性能，保证动物健康，节省饲料成本，改善畜产品品质等方面有明显的效果。

（1）营养性添加剂

①维生素添加剂。常用的维生素有维生素 A、维生素 D、维生素 E、维生素 B_1、维生素 B_2、维生素 B_6、维生素 B_{12}、氯化胆碱、烟酸、泛酸、叶酸、生物素等。

②氨基酸添加剂。用于牛的氨基酸添加剂，主要是植物性饲料中缺乏的必需氨基酸，如赖氨酸、色氨酸、精氨酸。

（2）非营养性添加剂　这类添加剂本身在饲料中不起营养作用，而是起刺激代谢、驱虫、防病等作用。也有部分是对饲料起保护作用的物质，间接对牛的生长起促进作用。

①饲料保护剂。由于脂肪及脂溶性维生素在空气中极易氧化变质（尤其在高温季节），影响饲养效果，因此，在富含油脂饲料的加工过程中，加入这种添加剂，可以防止和减缓氧化作用。常用的抗氧化剂有丁基羟基苯甲醚（BHA）、一丁基羟基甲苯（BHT）、乙氧喹等。

②驱虫药类。驱虫保健剂是重要的饲料添加剂，肉牛常用的驱虫药类有伊维菌素、阿维菌素等。

③抑菌促生长类。主要作用是刺激禽畜的生长，增进禽畜的健康，改善饲料的利用效率，提高生产能力，节省饲料费用的开支。抑菌促生长类包括抗生素、抗菌药物、激素、酶制剂等。

④中草药类。以中草药为原料制成的饲料添加剂，中药既是药物又是饲料，含有多种有效成分，具有饲料添加剂的作用，如促进动物生长，增重和防治疾病。

⑤微生态制剂。是指利用正常微生物或促进微生物生长的物质制成的活的微生物制剂。能调节肠道功能，快速构建肠道微生态平衡，可以防止和治疗新生犊牛腹泻，便秘。

⑥酶制剂。可以补充胃肠道内源性消化酶的活性，消除饲料中抗营养因子。

2. 饲料的加工调制 为了改善饲料口感，提高其利用率和消化率，减少或去除有毒、有害物质，增加饲料营养并有利于长期贮存，人们常采用多种手段对饲料进行科学调制。

1）物理调制法

（1）切碎、软化 适宜长度的粗饲料，有利于增加牛的采食量和咀嚼及反刍次数，通常粗饲料切碎长度为3~4厘米；充分软化的粗饲料有利于牛的采食和消化，软化的主要方法有碾压、揉搓、浸泡。

（2）碎制 豆谷籽实比较坚硬，且外有种皮，不利于消化液的渗入，影响了养分的消化吸收；块根、块茎等硬而大不利于牛的采食和消化。在饲喂前必须对这些饲料进行碎制处理，如压片玉米（图4-6）。

（3）膨化和颗粒化 通过对饲料主要是精饲料先加热、加压，再瞬间减压，使饲料膨胀，膨化过后可使饲料中部分蛋白变性，渣粉糊化，抗营养因子灭活，有利于提高饲料的消化和利用率。随着科技的进步和饲养的规模化发展，养殖机械化已

图4-6　压片玉米

成趋势，为了适应饲喂的机械化和营养全面化，人们根据不同生产阶段的牛的营养需要将能量饲料、蛋白质饲料、矿物质饲料、维生素、添加剂等按比例混合，调制成颗粒。

此外，在饲料贮运前，还要对饲料进行去杂物（砖、铁、石块、塑料等）、干燥、烤制处理。

饲料的各种物理调制都有现成的机械，在日常生产中的应用非常方便。

2）化学调制法

（1）碱化　碱（氢氧化钠、氢氧化钙等）能使秸秆中的木质素转变为羟基木质素（可溶），提高秸秆饲料的消化率。常用的方法是1%生石灰或3%熟石灰（氢氧化钙）溶液碱化秸秆。将秸秆浸入石灰乳中3~5小时后捞出，24小时后即可饲喂牛，无须用水洗涤。石灰乳可以继续使用1~2次。虽然石灰乳碱化的效果不如氢氧化钠，但石灰来源广，成本低，对环境破坏小，同时可以补充饲料钙质。

（2）氨化　用氨水（具有碱性）氨化秸秆能取得与碱化处理相似的效果，且增加了饲料中粗蛋白质含量，秸秆氨化后采食量提高10%~30%，消化率提高10%~20%，粗蛋白含量增加1.0~1.5倍。

秸秆氨化的氨源有纯氨（液氨）、氨水、含氮化合物（碳酸铵、尿素）等。氨化的方法有堆垛充氨（液氨）、坑窖氨化、袋装氨化、加热氨化，氨化的液体必须密封，氨的用量应占秸秆重量的2.5%~4%，氨化的时间应视温度而定。

氨化时间与温度的关系见表4-3。

表4-3　氨化时间与温度的关系

温度（℃）	氨化时间
0~5	8周
5~15	4~8周
15~20	2~4周
20~30	1~3周
30以上	1周内
85~100（氨化炉）	24小时

肉牛的饲养目前多集中在农区，农区有大量的秸秆资源。氨化处理的秸秆是肉牛良好的粗饲料。氨化原料的水分含量应为 30%~50%。氨化饲料在饲喂前应晾 1~2 天，以挥发余氨，在饲喂时应限量。

（3）生物调制法　饲料的生物调制法是利用厌氧有益微生物分解饲料中的糖分，降解粗饲料中的纤维素与木质素等，达到长期保存或提高青绿多汁饲料和秸秆等粗饲料营养价值的方法。生物调制法一般有青贮和微贮两种。

根据青贮过程中微生物活动的特点，对青贮原料应有如下要求：

①适量的碳水化合物：乳酸菌的主要养分是糖，青贮原料中含糖量不宜低于 1.0%~1.5%，否则影响乳酸菌的正常繁殖，难以保证青贮饲料的品质。含碳水化合物较多的青玉米秸、青高粱秸、甘薯蔓、块根、块茎等青绿多汁类饲料做青贮原料比较好；含蛋白质较多、碳水化合物较少的青豆秸、苜蓿等青贮时，宜添加 5%~10% 富含碳水化合物的饲料，以保证青贮饲料的品质。

②适宜的水分：青贮原料含水量应在 65%~75%。原料水分不足，青贮时难以压实，排不尽空气，易使腐败菌和霉菌大量繁殖，青贮内温度升高，养分损失较多。缺乏水分的粗老原料，若要青贮须加水使原料中水分含量提高至 78%~82%。

青贮不仅能保持饲料养分，还能改善饲料的适口性，提高消化率（1%~4%）。

（四）肉牛的饲料标准与日粮配合

1. 肉牛的饲料标准　根据肉牛的生活习性、生理特点、不同生长期和生产阶段的营养需要，科学地规定每天每头肉牛所需供给的能量和各种营养物质的数量，即肉牛的饲养标准。饲养标准包括两个部分：牛的营养需要表和饲料的营养价值表。1990 年参照国外饲养标准，结合我国的饲养试验，我国制定了适合我国国情的肉牛饲养标准。饲养标准是合理利用饲料、提高饲料利用效率的基本技术依据，是饲养、营养科学研究结果的综合，是指导科学养牛的依据。饲养标准是肉牛群体的平均营养需要量，不能准确地符合每头肉牛，一般有 5%~10% 的差异，所以在实际工作中不能完全按照饲养标准机械地套用于每头肉牛，必须根据本场具体情况（牛的体况、当地饲料来源、环境、设备等）及肉牛对营养物质的实际需求量进行调整。

2. 日粮配合

1）日粮配合中常用术语

（1）日粮　指牛在一昼夜内所食各种饲料的总量。单一饲料不能满足肉牛的营养需要，必须将各种饲料相互搭配，使日粮中各种营养物质的种类、数量及其相互比例均能满足肉牛的营养需要，这样的日粮称为平衡日粮或全价日粮。

（2）日粮配合　指按照饲料标准设计肉牛每日各种饲料给量的方法与步骤。

（3）配合饲料　指多种饲料原料按一定比例混合饲料。根据市场销售形式，配合饲料分为全价配合饲料、浓缩饲料、添加剂预混料等。

（4）浓缩饲料　指将蛋白质饲料、矿物质饲料、微量元素、维生素和非营养性添加剂等按一定比例配制的均匀混合物。浓缩饲料再加上能量饲料即为配合饲料，一般情况下，全价浓缩料占 20%~30%。

（5）复合预混料　指将微量元素、维生素、氨基酸、非营养性添加剂中任何两类或两类以上的成分与载体或稀释剂（石粉、麸皮等），按一定比例配制的混合物，预混料是浓缩料的核心。

2）日粮配合原则　日粮配合必须以饲养标准为基础，根据本场具体情况（牛体况、环境、饲料设备）和饲料效果，不断调整完善，以求得平衡饲料。

饲料种类应尽可能多样化，提高日粮营养的全价性和饲料利用率。

贯彻最低成本配方和最适宜的配方原则，既要顾及饲料的适口性、日粮的营养浓度、消化吸收率、管理成本，又要顾及饲料的营养价格、变动的影响。因地制宜地选择饲料，充分利用当地时令饲料资源，采用营养物质丰实而价格低廉的饲料，以降低饲养成本，提高生产经营效益，同时应注意饲料质量，饲料要适口性好，易消化，严禁将霉烂、变质的饲料配入日粮。饲料种类保持稳定，必须变化时要循序渐进。

为确保肉牛有足够的采食量和正常的消化机能，应保证日粮有足够的体积和干物质含量。干物质含量应为肉牛体重的 2%~3%，粗纤维含量应占日粮干物质的15%~20%，即干草和青贮饲料应不少于日粮干物质的 60%，确保牛吃得下，吃得饱，吃得好。

3）全混合日粮（TMR）调制　全混合日粮指根据牛的营养需要，把铡切成适当长度的粗饲料、精饲料和各种添加剂按照一定的比例进行充分混合而得到的一种营养相对平衡的日粮。经过调制的日粮能够改善适口性，增加采食量；提高饲料利用率，节约饲养成本；可以有效地防止消化系统功能紊乱，维护瘤胃健康，减少疾病发生；可以进行大规模工厂化生产，降低劳动强度，节约劳动成本。

五、肉牛的繁殖调控技术

肉牛的繁殖性能对肉牛养殖业具有核心意义，母牛繁殖力决定了肉牛养殖场的整体生产水平和经济效益。缩短母牛产犊间隔和提高产犊率，不仅能够促使肉牛增值，还能够有效地降低饲养成本。肉牛育种和品种改良也离不开母牛繁殖，提高母牛繁殖力能够加速牛群的选优去劣，加快育种的进度。

（一）母牛的生殖系统

母牛的生殖系统由卵巢、输卵管、子宫、阴道、阴道前庭和阴门组成（图5-1）。

1）卵巢 椭圆形或圆形或扁平（图5-2），一般2厘米×2厘米×3厘米。育成牛和初产牛的卵巢常位于耻骨前缘，经产牛会随着子宫角下垂。母牛卵巢的功能是分泌激素

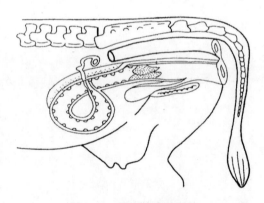

图 5-1 母牛的生殖系统

和产生卵子。1个卵子和周围细胞的卵巢结构即为卵泡。在发情周期，卵泡逐渐增大，发情前几天，卵泡显著增大，分泌雌激素增多。发情时通常只有1个卵泡破裂，释放卵子，留在排卵点的卵泡壁细胞迅速增殖，在卵巢上形成另一个主要的结构叫作黄体。黄体主要分泌孕酮，维持妊娠。

图 5-2 卵巢

2）输卵管 输卵管是卵子受精及受精卵进入子宫的管道。

两条输卵管在近卵巢的一端扩大成漏斗状结构，称为输卵管伞。输卵管伞部分包围着卵巢，特别是在排卵的时候，目的是受精由卵巢排出的卵子，卵子进入输卵管，主要借助输卵管内皮细胞上纤毛的运动，沿着输卵管往下运行。卵子受精发生在输卵管的壶腹部，已受精的卵子（即合子）继续留在输卵管内 3 ~ 4 天。输卵管另一端与子宫角相连，接合处充当阀门的作用，通常只在发情时才让精子通过，并只允许受精后 3 ~ 4 天的受精卵进入子宫。这样卵子进入子宫的时间是必要的，因为只有发情后 3 ~ 4 天的子宫内环境才有助于胚胎的生存发育（图 5-3）。

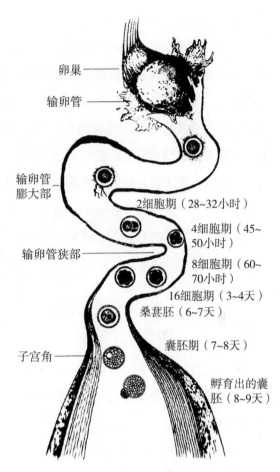

图 5-3　受精卵在输卵管管中下降示意图

（魏成斌）

3）子宫　母牛的子宫由 1 个子宫体和 2 个子宫角组成（图 5-4）。子宫是精子进入输卵管的渠道，也是胚胎发育和胚盘附着的地点。阔韧带把子宫悬挂在腹腔中。子宫是肌肉发达的器官，子宫肌层由纵肌和环肌细胞层组成，能充分扩张以容纳生长的胎儿，担负着胎牛娩出时所必要的子宫收缩，分娩后不久又迅速恢复正常大小。

图 5-4　子宫

子宫黏膜又称子宫内膜，它含有的腺体能分泌多种化学成分和细胞因子，另外还有几十个稍高出周围子宫内膜表面的特化区，叫作子叶，即母体子叶，在妊娠期间，子宫上皮在这里与胎膜形成胎盘。

子宫的功能主要有以下 4 点：精子通道，子宫节律性收缩，利于精子运行；子宫液为精子获能、胚胎发育提供条件；胎儿发育的场所；子宫分泌物中的前列腺素可使黄体退化，启动分娩。

4）子宫颈 子宫颈是子宫与阴道之间的管状结构（图5-5，图5-6，），长5~10厘米，直径3~4厘米。子宫颈由子宫颈肌、致密的胶原纤维及黏膜构成，形成厚而紧的皱褶，通常情况下收缩得很紧，处于关闭状态，只有在发情周期和分娩时，环绕子宫颈的肌肉才松弛，这种结构有助于保护子宫不受阴道内有害微生物的侵入。子宫颈黏膜里的细胞分泌黏液，在发情期间其活性最强，在妊娠期间，黏液形成栓塞，封锁子宫口，使子宫不与阴道相通，以防止胎儿脱出和有害微生物入侵子宫。

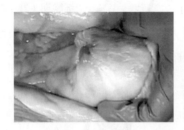
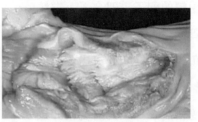

图5-5 子宫颈a　　　　　　　图5-6 子宫颈b

5）阴道 阴道把子宫颈和阴门连接起来，是自然交配时精液注入的地点。虽然阴道黏膜有细胞分泌黏液以冲洗细菌，但仍有低度的感染风险持续存在于阴道中，可能导致阴道炎。

6）阴门 阴门位于阴道与母牛体表之间，包括前庭和尿道下憩室（阴道底上的一个盲囊）。

（二）影响繁殖性能的因素

1. 营养因素 饲草饲料成分不均衡、营养不全面、供给量不适、质量欠佳等均会影响肉牛的繁殖。营养水平对肉牛繁殖性能的影响有直接和间接两种，直接影响是引起性细胞发育受阻、活力降低或胚胎死亡；间接影响则是通过生殖内分泌活动的紊乱而影响生殖活动。

2. 饲养管理因素 牛群的饲养管理是一项繁杂的工作，涉及面广，主要包括环境条件、生产规划、牛群结构；牛群的发情、配种、妊娠、产犊情况记录，接产保育、空怀处理、流产、难产母牛的医治、环境消毒及疫病防治等；日常的运动、调教、制定各种规章制度以规范各项工作等。任何疏漏或失误，均会造成牛群繁殖力下降。

3. 精液质量及输精技术 冷冻精液质量不佳，会直接影响母牛的受孕；输精技术不佳、消毒不严、操作不规范不仅影响受孕，还易造成母牛的生殖道疾患。

4. 疾病因素　无论全身性疾病还是生殖道疾患，无论普通疾病还是传染性疾病均会直接或间接作用于生殖系统，引起不发情、发情不规律、不能受孕、不易受孕、流产、死胎等，如结核病等消耗性传染病引起牛体瘦弱，不发情；子宫内膜炎会影响合子的形成及合子的着床，引起不孕。

5. 自然因素　自然因素包括牛的遗传因素和自然生态环境，如光照、温度、季节性变化。自然因素会以一定的刺激作用，通过生殖内分泌系统的变化反馈到生殖生理的变化，对繁殖力产生影响等，如母牛在炎热季节受胎率低，公牛睾丸附睾因温度上升等影响正常的精子生成。

（三）生殖激素及调控

1. 生殖激素的活动与调控　母牛生殖功能调控主要依靠体液，也就是通过内分泌激素来进行。这些激素分泌和作用的部位主要有丘脑、脑垂体、卵巢。卵巢的功能受丘脑与脑垂体的调节，而卵巢分泌的激素又反馈地作用于丘脑和脑垂体，形成丘脑——脑垂体——卵巢反射轴，通过反射、反馈达到平衡、调节卵巢的功能，维持母牛的发情周期、妊娠、分娩、哺乳等。

下丘脑释放促性腺激素释放激素（GnRH），促使垂体分泌促卵泡素（FSH）和少量的促黄体激素（LH），促卵泡素到达卵巢，促进卵泡发育。卵泡分泌雌激素逐渐增多，使母畜发情。当血液中雌激素含量达到一定程度时，对下丘脑和脑垂体具有反馈作用，抑制脑垂体促进卵泡素的分泌，并促进促黄体素分泌量的增加。FSH 和 LH 成一定比例时，引起排卵。卵泡内膜形成黄体，分泌孕酮。孕酮对下丘脑和脑垂体负反馈作用，抑制促性腺激素的分泌。若未孕，黄体持续到第十五、第十六天后退化萎缩。血液中孕酮含量下降，解除了对下丘脑和脑垂体的抑制，开始新一轮发情周期。若妊娠，胚胎阻止前列腺素的生成与溶黄体作用。

2. 几种重要生殖激素及其在繁殖上的应用　调控生殖功能的激素有多种，主要包括促性腺激素释放激素、促黄体激素、雌激素、孕激素（孕酮）、催产素等。部分激素已能工厂化生产，有的激素也有了替代品，这些外源激素已广泛地应用于母牛的生殖控制。

1）促性腺激素释放激素（GnRH）　可刺激垂体合成和释放促黄体激素和促卵

泡激素，促进卵泡生长、成熟、卵泡内膜粒细胞增生并产生雌激素，刺激母畜排卵、黄体生成，促进公畜精子生成并产生雄激素。在肉牛繁殖上，主要用于诱发排卵、治疗产后不发情以及公畜的少精症和无精症，还可用在同期发情处理。

2）催产素（OXT） 对经雌激素预先致敏的子宫肌有刺激作用，产后催产素的释放有助于恶露排出和子宫复旧，还可引起乳腺上皮细胞收缩，加速排乳。大剂量催产素具有溶黄体作用；小剂量催产素可增加宫缩，缩短产程，起到催产作用。OXT可用于促使死胎排出，治疗胎衣不下、子宫蓄脓和放乳不良等。

3）促卵泡素（FSH） 促进卵泡生长发育，与促黄体素配合，促使卵泡发育、成熟、排卵和卵泡内膜粒细胞增生并分泌雌激素；对于公畜则可促进精细管的生长、精子生成和雄激素的分泌。在肉牛繁殖上，可促使母牛提早发情配种，诱导泌乳期乏情母牛发情；连续使用促卵泡激素，配合促黄体激素可进行超排处理；也可用于治疗卵巢机能不全、卵泡发育停滞等卵巢疾病及提高公牛精液品质。

4）促黄体激素（LH） LH对已被FSH预先作用过的卵泡有明显的促进生长作用，诱发排卵，促进黄体形成，促进精子充分成熟。在肉牛繁殖上，可诱导排卵，预防流产，也可用于治疗排卵延迟、不排卵、卵泡囊肿等卵巢疾病，并可治疗公牛性欲减退、精子浓度不足等疾病。

5）孕马血清促性腺激素（PMSG） 类似FSH的作用，也有LH的作用，促进母畜卵泡发育及排卵，促使公畜细精管发育、分化和精子生成。在肉牛繁殖上，用以催情、超数排卵、治疗持久黄体。

6）人绒毛膜促性腺激素（HCG） 类似LH的作用，FSH作用很弱，促进卵泡发育、成熟、排卵、黄体形成，并促进孕酮（P_4）、雌激素（E_2）合成，同时可促进子宫生长；对于公畜，可促进睾丸发育、精子的生成，刺激睾酮和雄酮的分泌。在肉牛繁殖上，促进卵泡发育成熟和排卵，增强超排和同期排卵效果，治疗排卵延迟和不排卵；治疗卵泡囊肿和促使公牛性腺发育。

7）孕酮（P_4） 与雌激素协同促进生殖道充分发育；少量孕酮可与雌激素协同作用促使母畜发情，大量孕酮则抑制发情；维持妊娠；刺激腺管已发育的乳腺腺泡系统生长，与雌激素共同刺激和维持乳腺的发育。在肉牛繁殖上，用于诱导同期发情和超数排卵，进行妊娠诊断，治疗繁殖疾病。

8）雌激素（E_2） 刺激并维持母畜生殖道的发育；刺激性中枢，使母畜出现性欲和性兴奋；使母畜发生并维持第二性征；刺激乳腺管道系统的生长；刺激垂体前叶分泌促乳素；促进骨骼对钙的吸收和骨化作用；在肉牛繁殖上，可用于催情，增加同期发情效果；排除子宫内存留物，治疗慢性子宫内膜炎。

9）前列腺素（PG） 天然前列腺素分为3类9型，与繁殖关系密切的有PGE与PGF$_{2a}$，前列腺素F型可溶解黄体，影响排卵，如PGF$_{2a}$的促进排卵作用，PGE能抑制排卵，影响输卵管的收缩，调节精子、卵子和合子的运行，有利于受精；刺激子宫平滑肌收缩，增加催产素的分泌和子宫对催产素的敏感性；提高精液品质。在肉牛繁殖上，前列腺素PGF$_{2a}$可用于调节发情周期，进行同期发情处理；用于人工引产；治疗持久黄体、黄体囊肿等繁殖障碍，并可用于治疗子宫疾病；对公牛，则可增加精子的射出量，提高人工授精效果。

（四）母牛发情处理

1. 发情周期 母牛进入初情期后，每隔一段时间就会表现一次发情，这种过程在发情季节、空怀期内周而复始。发情周期通常是指从一次发情的开始到下一次发情开始的间隔时间，肉牛平均为21天，但也存在个体差异。发情周期的出现是卵巢周期性变化的结果，发情定为0天，排卵后形成黄体，黄体分泌孕激素，持续至16天开始萎缩。在孕激素的作用下，卵巢上的卵泡发育受到抑制，子宫内膜增生，做好胚胎着床的准备，并能接受胚胎着床。如果空怀，在发情期的第十六、第十七天，在前列腺素的作用下黄体退化，卵泡开始发育，雌激素水平升高，很快母牛开始发情，进入下一个发情周期。

根据母牛的性欲表现和相应的机体及生殖器官变化，可将发情周期分为发情前期、发情期、发情后期和间情期4个阶段。根据卵巢上卵泡的发育、成熟及排卵与黄体的形成和退化，将发情周期分为卵泡期和黄体期（图5-7）。卵泡期指从卵泡开始发育到排卵，相当于发情前期和发情期；而黄体期是指在卵泡破裂排卵后形成黄体，至黄体开始退化，相当于发情后期和间情期，由于卵巢的机能状态不同，母牛在各个阶段发生相应的变化（表5-1）。

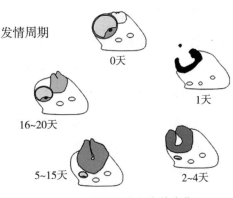

图 5-7　发情周期中卵泡的变化

表5-1 母牛发情周期的分期与相应的外在变化

阶段划分	卵泡期		黄体期		卵泡期
	发情前期	发情期	发情后期	间情期	
卵巢变化	黄体退化,卵泡发育、生长、成熟,分泌雌激素,发情结束后排卵		黄体形成、发育、分泌孕酮,无卵泡迅速发育		黄体退化,卵泡开始发育
生殖道变化	轻微充血、肿胀,腺体活动增加	充血、肿胀、子宫颈口开放,黏液流出	充血肿胀消退,子宫颈收缩,黏液少而黏稠	子宫内膜增生,间情期早期分泌旺盛	子宫内膜及腺体复旧
全身反应	无交配欲	有交配欲	无交配欲		

2. 母牛发情特点

1)牛发情周期中,休情期长而发情期短 牛从一次排卵到下次排卵的间隔时间(发情周期)平均为21天,和马、猪、山羊差不多,但牛的发情期最短,一般为11~18小时,给发情鉴定带来困难,稍不注意,就会错过配种时间。

2)牛对雌激素最为敏感 当牛有发情的表现时,卵巢上的卵泡体积很小,在有发情表现的初期,卵泡小得不易从直肠中触摸到。由于牛对雌激素敏感,发情时的精神状态和行为表现比马、羊、猪强烈而明显,这就为观察发情提供了方便。

3)牛的卵泡发育时间短,过程快 牛的卵泡从出现到排卵历时30小时左右,所经历的时间比马卵泡发育过程中的一个发育阶段还要短。过去人为地划分牛卵泡发育的阶段,在检查间隔时间稍长时,往往不能摸到其中的某一阶段,所以直肠检查发情状态的重要性远不如马、驴的大。

4)排卵置后 马、驴、羊、猪等家畜在没有排卵时,卵泡中还有大量的雌激素分泌。雌激素可使发情的精神、行为表现到排卵,雌激素水平降低之后才消失,牛却不然。牛的排卵发生在发情表现结束后约16小时,这是由于牛的性中枢对雌激素的反应很敏感,在敏感反应之后接着进入不应期。在牛性中枢进入不应期后即使血液中有大量雌激素流到性中枢,性中枢对雌激素已不起反应,牛的这一特点给发情后期的自然交配带来困难(拒绝交配),也给人工授精带来不便(输精时不安静,不利于操作)。

5)排卵后有从阴门排出血迹表现 发情时,血中雌激素的分泌量增多,使母牛子宫黏膜内的微血管增生,进入黄体期后,血中雌激素的浓度急剧降低,引起血细胞外渗,所以母牛的发情结束后1~3天,特别是第二天,可以从外阴部看到排出混有血迹的黏液。这种现象在后备牛中有80%~90%,经产牛有45%~65%。

6）产后发情晚，不能热配　马、驴可在产后 10 天左右发情配种，俗称热配，牛则不行。牛产后第一次发情的时间大部分在产后 32～61 天，牛产后子宫复旧的资料证明，产后子宫恢复正常的平均天数为 26.2 天，有成熟卵泡发育的时间为 28.2 天，第一次排卵在 40.7 天，高产奶牛产后子宫恢复的时间要延长，第一次发情的时间拖后。

3. 母牛的发情鉴定　牛是四季发情的家畜，发情鉴定的目的是及时发现母牛发情，合理安排配种时间，防止误配、漏配，提高受胎率。

1）外部观察法

（1）看神色　母牛发情时，由于性腺内分泌的刺激，生殖器官及身体会发生一系列有规律的变化，出现许多行为变化，在工作中根据这些变化即可判断母牛的发情进程。母牛发情时精神兴奋不安，不喜躺卧，散放时，时常游走，哞叫，抬尾，眼神和听觉锐利，对公牛的叫声尤为敏感，食欲减退，排便次数增多，拴系时，兴奋不安，在系留桩周围转动，企图挣脱，拱背吼叫，或举头张望。

（2）看爬跨　在散放牛群中，发情牛常爬其他母牛或接受其他牛的爬跨（图5-8）。开始发情时，往往不太接受其他牛的爬跨，随着发情的进展，有较多的母牛跟随，嗅闻其外阴部，发情牛由不接受其他牛的爬跨转为开始接受，以至于静立接受爬跨，或强烈地爬跨其他牛只，并做交配的抽动姿势。发情高潮过后，发情母牛对其他母牛的爬跨开始感到厌倦，不大愿意接受，发情结束时，拒绝爬跨。

图 5-8　爬跨

（3）看外阴　牛发情开始时，阴门稍出现肿胀，表皮的细小皱纹消失，展平，随着发情的进展，进一步表现肿胀、潮红，原有的大皱纹也消失，展平，发情高潮过后，阴门肿胀及潮红现象，又表现退行性变化。发情结束后，外阴部的红肿现象仍未消失，至排卵后才恢复正常。

（4）看黏液　牛发情时从阴门排出的黏液量大且呈粗线状，是其他农畜所不及的。在发情过程中，黏液的变化特点是：开始时量少，稀薄、透明，继而量多，黏性强，潴留在阴道的子宫颈口周围；发情旺盛时，排出的黏液牵缕性强，粗如拇指，发情高潮过后，流出的透明黏液中混有乳白丝状物，黏性减退，牵拉之后成丝，随着发情将近结束，黏液变为半透明状，其中夹有不均匀的乳白色黏液，最后黏液变为乳白色，好像炼乳一样，量少。

2）**阴道检查法**

（1）直接观察　发情早期，子宫颈口轻微充血肿胀，开口增大，黏液透明，有黏性。发情盛期，子宫颈明显肿胀发亮，发红，子宫颈口开口大，黏液多，透明，黏性大。发情后期，黏液混杂乳白色丝状物，黏性减退，量减少，渐渐变成乳白色，子宫颈充血肿胀减退，直至消失。

（2）酸碱度　碱性越大，黏液黏度越强。

3）**直肠检查法**　一般正常发情的母牛其外部表现比较明显，用外部观察法就可判断牛是否发情和发情的阶段，直肠检查法则是更为直接地检查卵泡的发育情况，判定适配时机，在生产实践中也被广泛采用。

（五）配种与人工授精

1. 肉牛的排卵时间　肉牛的排卵时间因品种而异，一般发生在发情结束后10～12小时，黄牛集中在11～18小时，卵子保持受精能力的时间是12～18小时，78%的肉牛在夜间排卵，半数以上发生在4～8时，20%在14～21时，正确掌握母牛的排卵时间是提高牛受胎率的重要手段。

2. 肉牛的配种

1）配种的时间

（1）母牛初配的年龄　母牛初配的年龄指母牛第一次接受配种的年龄。母牛达到性成熟时，虽然生殖器官已经完全具备了正常的繁殖能力，但身体的生长尚未完成，骨骼、肌肉、内脏各器官仍处于快速生长阶段，还不能满足孕育胎畜的需求，如过早配种不仅会影响自身的正常发育，还会影响幼犊的健康和自身以后的生产性能。母牛初配必须达到体成熟，即母牛基本上完成自身生长，具有了本品种固有的外形特征。

母牛的体成熟年龄是饲养管理水平、气候、营养等综合因素作用的结果，但更重要的应根据其自身的生长发育情况而定，一般情况下，体成熟年龄比性成熟晚4～7个月，体重要达到成年母体重的70%左右，体重未达到要求时可以适当推迟初配年龄，相反可以适当提前初配。我国黄牛的初配年龄为14～16个月。

（2）母牛的产后配种　母牛产后一般有30～60天的休情期，产后第一次发情的时间受牛的品种、子宫复原情况、产犊前后饲养水平的影响，产后配种时间取决于子宫形态与机能恢复情况和饲养水平，过早配种受孕率较低，又会带来疾病隐患，配种过晚，会延长产犊间隔，降低了经济效率。根据牛一年一犊的生殖生理特点和产后母牛的生理状态，产后60～90天（休情后的第一至第三个发情期）配种较为合理，且受孕率较高。

（3）公牛的初配年龄　与母牛相似，公牛的初配年龄与性成熟年龄也有一定间隔，但公牛在雄性激素的作用下，生殖及身体生长更加迅速，在饲养水平较好情况下，12～14个月龄即可采精。

（4）配种的时机　牛的排卵一般发生在发情结束后10～12小时，卵子保持受精能力的时间为12～18小时，精子保持受精能力的时间是28～50小时，且精子在母牛生殖道内还需4～6小时获能后才能到达与卵子受精形成合子的输卵管壶腹部（图5-9），虽然精子与卵子在母牛生殖道内保持受精能力的时间可以达到上界，但在失去受精能力之前就已失去产生一个具有高质量胚胎的能力。综合以上几点，适宜的输精时间是在排卵前的6～12小时进行。在实际工作中输精在发情母牛安静接受他牛爬跨后12～18小时进行，清晨或上午发现发情，下午或晚上输一次精，下午或晚上发情的，第二天清晨或上午输一次精，只要正确掌握母牛的发情和排卵时间，输一次精即可，效果并不比两次输精差，

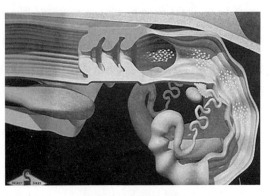

图5-9　精子移动图

但有时受个体、年龄、季节、气候的影响，发情持续时间较长或直肠检查确诊排卵延迟时需进行第二次输精，第二次输精应在第一次输精后 8 ~ 10 小时进行。

直肠检查，卵泡在 1.5 厘米以上，泡壁薄且波动明显时适宜输精。

（5）输精时间　母牛的发情周期为 17 ~ 25 天，发情持续时间 24 ~ 30 小时，输精人员应根据畜主描述母牛发情症状和直肠检查结果适时输精，母牛发情后不同时间段征状和最佳配种时间（表 5-2）。

表5-2　母牛发情后不同时间段症状和最佳配种时间表

发情时间	发情症状	是否输精	三道膜
0 ~ 5 小时	母牛出现兴奋不安、食欲减退	太早	1月上旬
5 ~ 10 小时	母牛主动靠近公牛，做弯腰拱背姿势，有的流泪	过早	2月中旬
10 ~ 15 小时	母牛出现爬跨、外阴肿胀、分泌透明黏液、哞叫	可以输精	5月中旬
15 ~ 20 小时	阴道黏膜充血、潮红，表面光亮湿润，黏液开始较稀，不透明	最佳时间	
20 ~ 25 小时	已不再爬跨别的牛，黏液量增多，变稠	过晚	
25 ~ 30 小时	阴道逐渐恢复正常，不再肿胀	太晚	

3. 肉牛的人工授精程序　牛的人工授精技术是 20 世纪应用最为成功的繁殖技术，对推广优良种牛，挖掘优良种牛的繁殖潜力，加快品种改良的速度，普遍提高牛的生产性能，节省公牛饲养管理费用，防止由自然交配传播的疾病等方面都具有非常重要的价值。

1）冷冻精液的保存　冷冻精液的包装上须标明公牛品种、牛号、精液的生产日期、精子活力及数量，再按照公牛品种及牛号将冷冻精液分装在液氮罐提桶内，浸入固定的液氮罐内贮存。

定期添加液氮，正确放置提桶，不使罐内贮存的颗粒或细管冷冻精液暴露在液氮面之上，且液氮容量不得少于容器的 2/3。

提取冷冻精液时，提桶不得超出液氮罐口，必须置于罐颈之下，用电筒照看清楚之后用镊子夹取精液，动作要准确、快捷。精液每次脱离液氮的时间不得超过 5 秒。

贮存精液的液氮罐应放置在干燥、凉爽、通风和安全的专用室内，水平放置，不倾斜，还要经常检查盖子是否泄漏氮气。

2）冷冻精液的解冻　由于冷冻保护液不同，冷冻精液的解冻方法也有差别。颗粒冻精解冻的稀释液要另配，细管冷冻精液不需要解冻稀释液。颗粒冻精现在已经很少使用，此处不再累述，仅介绍细管冻精的解冻方法。

由液氮罐取出 1 支细管冷冻精液，立即投入 40℃热水中，待精液基本溶化时（15秒），用灭菌小剪剪去细管的封口端，装入细管输精器中进行输精。细管精液品质检查，可按批抽样评定，不需每支精液均做检查，否则将会减少每头份精液的输精量及输入精子数。

> 注意事项：精液解冻时必须保持所要求的温度，严防在操作过程中温度出现波动；冷冻精液解冻后不宜存放时间过长，应在 1 小时内完成输精。

3）输精前的准备

（1）输精器材的准备　输精器材应事先消毒，并确保一头牛一支输精管。玻璃或金属输精器可用蒸汽或高温干燥消毒；输精胶管因不宜高温，可用乙醇或蒸汽消毒。

（2）母牛的准备　将接受输精的母牛固定在保定栏内，尾巴固定于一侧，用 0.1%新洁尔灭溶液清洗消毒外阴部。

（3）输精操作人员的准备　输精员要身着工作服，指甲需剪短磨光，戴一次性直肠检查手套。

（4）精液的准备　输精前应先进行精子活力检查，合乎输精标准才能应用。颗粒冻精解冻后，用输精器吸取，塑料细管精液解冻后装入金属输精器。

4）输精　目前都采用直肠把握输精法，也叫深部输精法（图 5-10，图 5-11）。该法具有用具简单，操作安全，输精部位深，受胎率高的优点。在输精实践中会遇到许多问题，必须掌握正确方法。术者左手呈楔形插入母牛直肠，令母牛排除蓄粪，然后消毒外阴部。左手再次进入直肠，触摸子宫、卵巢、子宫颈的位置，摸清子宫颈后，手心向右下握住宫颈，无名指平行握在子宫颈外口周围，把子宫颈握在手中，应当注意左手握得不能太靠前，否则会使颈口游离下垂，造成输精器不易插入颈口。右手持输精器，向左手心中深插，即可进入子宫颈外口，然后多处转换方向向前探插，同时用左手将子宫颈前段稍作抬高，并向输精器上套。输精器通过子宫颈管内的硬皱襞，立即感到畅通无阻，即抵达子宫体处，手指能很清楚地触摸到输精器的前段。确认输精器已进入子宫体后，应向后抽退一点，以避免子宫壁堵塞住输精器尖端出口，然后缓慢地将精液注入，再轻轻地抽出输精器。

输精操作时动作要谨慎、轻柔，防止损伤子宫颈和子宫体。若母牛努责过甚，可采用喂给饲草、捏腰、遮盖眼睛、按摩阴蒂等方法使之缓解。若母牛直肠呈罐状（形

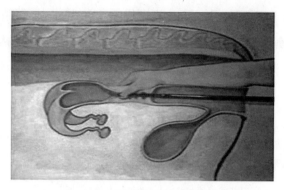

图 5-10 直肠把握法人工授精示意图

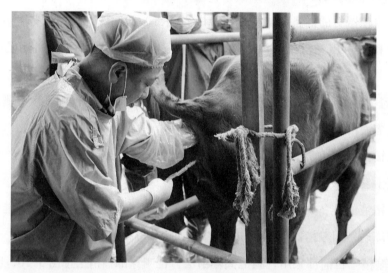

图 5-11 人工授精现场

成空洞）时，可用手臂在直肠中前后抽动以促使其松弛。

5）输精量与有效精子数　输精量与输入的有效精子数因精液的类型而不同，液态精液一般输 1～2 毫升，有效精子数为 2 000 万～5 000 万个，冻精一般输 0.1～0.2 毫升，有效精子数为 1 000 万～2 000 万个。要获得良好的受胎效果，与有效精子数及授精部位有关，浅部（子宫颈口）授精，需要精子数多些（易发生精液倒流），最少需 1 亿个，子宫体内授精只需 500 万个即可。

（六）妊娠与分娩参数

1. 母牛妊娠诊断　母牛配种后应尽早进行妊娠诊断，以利于保胎，减少空怀，提高母牛繁殖率和经济效益。肉牛的妊娠诊断有以下几种方法。

1）**外部观察法**　发情母牛配种后 3 ~ 4 周如果不再发情，一般表示已怀胎。这种方法对于发情规律正常的母牛有一定的参考价值，但不完全可靠，因为母牛不仅有安静发情、不明显发情，还有假发情，即使已受胎但个别牛仍有发情表现。因此，常需用其他方法来加以确定。此外，食欲增进，性情温驯，躲避角斗或腹围随妊娠的发展而增大，妊娠后半期从外面即可观察到胎动、乳房也有较明显的发育。不过以上这些症候都在妊娠 3 个月以后才表现比较明显，所以并不能用于早期是否怀孕的诊断。

2）**直肠检查法**　直肠检查法是适用于母牛妊娠诊断的一种最方便、最可行的办法，在妊娠的各个阶段均可采用，能判断母牛是否怀孕及怀孕的大概月份、一些生殖器官疾病及胎儿的存活情况。有经验人员可以在妊娠 40 ~ 60 天判断妊娠与否，准确率达 90% 以上。直肠检查判定母牛是否怀孕的主要依据是怀孕后生殖器官的一些变化，这些变化因胎龄的不同而有所侧重，在怀孕初期，以子宫角形状、质地及卵巢的变化为主；在胎胞形成后，则以胎胞的发育为主，当胎胞下沉不易触摸时，以卵巢位置及子宫动脉的妊娠脉搏为主。

3）**阴道检查法**　根据阴蒂变化对牛进行早期妊娠诊断。仔细观察阴蒂的大小、形状、位置、质地、色泽、血管、分泌物等，综合分析，可做出诊断。

4）**超声波诊断法**　配种后 25 ~ 30 天用超声波扫描影像仪即可做出早孕诊断，准确率可达 98% 以上，配种 40 天即可通过显现胚胎的活动和心跳确认胚胎的存活性。

5）**孕酮水平测定法**　怀孕后的母牛，血液中或乳汁中孕酮（P_4）的含量显著增加，所以，采用放射免疫法或蛋白结合竞争法测定母牛血液或乳汁中的孕酮含量来进行早期妊娠诊断。一般在母牛配种后 20 天左右，采集少量血样或乳样进行测定，根据测定结果进行诊断。

6）**妊娠相关糖蛋白酶联免疫测定法（PAG-ELISA）**　反刍动物胎儿胎盘的滋养层双核细胞在与母体子宫上皮细胞融合时，会释放包括 PAG-ELISA 在内的物质到母畜血液中。纯化蛋白质的抗体能够用于检测牛外周循环中蛋白质的存在，这些蛋白质对胎盘组织来说具有特异性，所以检测母体血液里面的 PAG 能够作为妊娠的指标。母牛授精 3 周后使用 PAG-ELISA 进行妊娠诊断能获得比较可靠的数据。

7）**早孕因子诊断法**　早孕因子（early pregnancy factor, EPF）是哺乳动物受精后，所发现的最早能在血清中检测到的一种具有免疫抑制和生长调节作用的妊娠相关蛋白。EPF 作为目前最早确认妊娠的生化标志之一，对妊娠母体具有很高的特异性，牛在受精后 24 小时便可在血清中检测到 EPF 活性，持续整个孕期，一旦妊娠终止，血清中 EPF 立即消失。

2. 分娩参数

1）预产期的推算　肉牛的妊娠期大致平均为 282 天，也可记为 9 个月零 10 天。母牛妊娠期的长短，因品种、年龄、胎次、营养、健康状况、生殖道状态、双胎与单胎和胎儿性别等因素有差异，如黄牛、肉牛较乳用牛的妊娠期长 2 天左右；年龄小的母牛较年龄大的母牛平均短 1 天；公犊较母犊长 1 ~ 2 天；双胎妊娠期减少 3 ~ 6 天；饲养管理条件较差的牛妊娠期较长。

在推算预产期时，妊娠期以 280 天计算，配种时的月份数减 3，日期数加 6，即可得到预计分娩日期。例如：某牛 10 月 1 日配种，则预产期为 10-3=7（月）；1+6=7（日），即该牛的预产期是下年的 7 月 7 日。如按 282 ~ 283 天计算，可用月份加 9，日数加 9 的方法来推算。

2）分娩预兆　随着胎儿的逐步发育成熟和产期的临近，母牛身体会发生一系列先兆变化，为保证安全接产，必须安排有经验的饲养人员昼夜值班，注意观察母牛的临产症状。

（1）乳房变化　产前约半个月，孕牛乳房开始膨大，乳头肿胀，乳房皮肤平展，皱褶消失，有的经产牛还见乳头向外排乳。

（2）阴门分泌物　妊娠后期，孕牛外阴部肿大、松弛，阴唇肿胀，如发现阴门内流出透明索状黏稠液体，则 1 ~ 2 天将分娩。

（3）荐坐韧带变化　妊娠末期，荐坐韧带软化，臀部有塌陷现象，在分娩前 12 ~ 36 小时，韧带充分软化，尾部两侧肌肉明显塌陷，俗称"塌沿"，这是临产的主要前兆。"塌沿"现象在黄牛、水牛表现较明显；在肉用牛，由于肌肉附着丰满，这种现象不明显。

（七）肉牛繁殖新技术

1. 同期发情技术　同期发情又称同步发情，就是利用某些激素制剂人为地控制并调整一群母牛发情周期的进程，使之在预定时间内集中发情，集中配种。同期发情的关键是人为控制卵巢黄体寿命，同时终止黄体期，使牛群中经处理的牛只卵巢同时进入卵泡期，从而使之同时发情。同期发情有利于推广人工授精、便于组织生产、可提高繁殖率、有利于胚胎移植。

1）同期发情的机制　母牛的发情周期，从卵巢的机能和形态变化方面可分为卵泡期和黄体期两个阶段。卵泡期是在周期性黄体退化继而血液中孕酮水平显著下降后，卵巢中卵泡迅速生长发育，最后成熟并导致排卵的时期，这一时期一般是从周期第十八天至第二十一天。卵泡期之后，卵泡破裂并发育成黄体，随即进入黄体期，这一时期一般从周期第一天至第十七天。黄体期内，在黄体分泌的孕激素的作用下，卵泡发育成熟受到抑制，母牛不表现发情。在未受精的情况下，黄体维持 15～17 天即行退化，随后进入另一个卵泡期。黄体期的结束是卵泡期到来的前提条件，因此，同期发情的关键就是控制黄体寿命，并同时终止黄体期。

现行的同期发情技术有两种：一种方法是向母牛群同时施用孕激素，抑制卵泡的发育和发情，经过一定时期同时停药，随之引起同期发情（图5-12）。这种方法，当在施药期内，如黄体发生退化，外源孕激素代替了内源孕激素（黄体分泌的孕激素），造成了人为黄体期，推迟了发情期的到来。另一种方法是利用 PGF$_{2a}$ 使黄体溶解，中断黄体期，从而提前进入卵泡期，使发情提前到来。

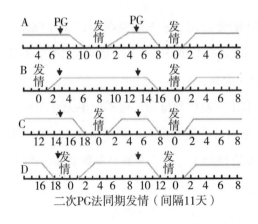

二次PG法同期发情（间隔11天）

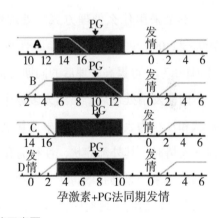

孕激素+PG法同期发情

图 5-12　同期发情示意图

2）母牛同期发情处理方案　用于母牛同期发情处理的药物种类很多，处理方案也有多种，但较适用的是孕激素阴道栓塞法和前列腺素法。

（1）孕激素阴道栓塞法　栓塞物可用泡沫塑料块或硅橡胶环，包含一定量的孕激素制剂。将栓塞物放在子宫颈外口处，其中激素即渗出。处理结束时，将其取出即可，或同时注射孕马血清促性腺激素。孕激素处理结束后，在第二至第四天大多数母牛的卵巢上有卵泡发育并排卵。

（2）前列腺素及其类似物处理法　前列腺素的投药方法有子宫注入（用输精器）和肌内注射两种。前者用药量少，效果明显，但注入时较为困难；后者虽操作容易，但用药量需适当增加。

前列腺素处理是溶解卵巢上的黄体，中断周期黄体发育，使牛同期发情。前列腺素处理法仅对卵巢上有功能性黄体的母牛起作用，只有当母牛在发情周期第五至第十八天（有功能黄体时期）才能产生发情反应。对于周期第五天以前的黄体，前列腺素并无溶解作用。因此，用前列腺素处理后，总有少数牛无反应，对于这些牛需做二次处理。有时为使一群母牛有最大限度的同期发情率，第一次处理后，表现发情的母牛不予配种，经 10 ~ 12 天后，再对全群牛进行第二次处理，这时所有的母牛均处于发情周期第五至第十八天。故第二次处理后母牛同期发情率显著提高。

用前列腺素处理后，一般第三至第五天母牛出现发情，比孕激素处理晚一天。因为从投药到黄体消退需要将近一天时间。

（3）孕激素和前列腺素结合法　将孕激素短期处理与前列腺素处理结合起来，效果优于二者单独处理。即先用孕激素处理 5 ~ 7 天或 9 ~ 10 天，结束前 1 ~ 2 天注射前列腺素。

不论采用什么处理方式，处理结束时配合使用 3 ~ 5 毫克促卵泡素（FSH）、700 ~ 1 000 单位孕马血清促性腺激素（PMSG）或 50 ~ 100 毫克促排卵 3 号（LRH-A3），可提高处理后的同期发情率和受胎率。

同期发情处理后，虽然大多数牛的卵泡正常发育和排卵，但不少牛无外部发情症状和性行为表现，或表现非常微弱，其原因可能是激素未达到平衡状态；第二次自然发情时，其外部症状，性行为和卵泡发育则趋于一致。尤其是单独 PGF_{2a} 处理，对那些本来卵巢静止的母牛，效果很差甚至无效。这种情况多发生在枯草季节、农忙时节及产后的一段时间，本地黄牛和水牛尤其是后者的可能性大。

2. 超数排卵　超数排卵简称超排，就是在母牛发情周期的适当时间注射促性腺激素，使卵巢比自然状况下有更多的卵泡发育并排卵。超熟排卵是胚胎移植的重要环节，只有能够得到足量的胚胎才能充分发挥胚胎移植的实际作用，提高应用效果。所以，对供体母牛进行超排处理已成为胚胎移植技术程序中不可或缺的一个环节。

用于超排的药物大体可分为两类：一类促进卵泡生长发育，主要有孕马血清促性腺激素和促卵泡素；另一类促进排卵，主要有人绒毛膜促性腺激素和促黄体素。超数排卵的方案目前主要选用以下几种：

1）使用促卵泡素（FSH）进行超排　需在牛发情周期的9～13天的任意一天开始注射FSH。以后以递减剂量的方式连续肌内注射4天，2次/天，每次间隔12小时，总剂量需按牛的体重做适当调整。在第一次注射FSH后的48～60小时，肌内注射1次PGF$_{2a}$ 2～4毫克/次。也可采用子宫灌注的方法，剂量减半。

2）使用孕马血清促性腺激素（PMSG）进行超排　需在发情周期的11～13天的任意一天肌内注射1次即可。在注射PMSG 48～60小时后，肌内注射1次PGF$_{2a}$，2～4毫升/次。当母牛出现发情后12小时再肌内注射抗PMSG，剂量以能中和PMSG的活性为准。

3）采用CIDR和FSH联合超排　CIDR(孕酮阴道硅胶栓)是促动物发情的药物。具体用法是：在母牛的阴道内插入阴道栓，并在埋栓的第九天开始注射FSH，共4天；第十一至第十二天撤栓；在撤栓前约24小时内注射前列腺素，并观察发情表现，输精2次。

4）采用FSH+PVP+PGF$_{2a}$联合用药法　在牛发情9～13天一次肌内注射FSH-R（30毫克FSH溶解在10毫升30%的PVP中），隔48小时后肌内注射PGF$_{2a}$，再经过48小时后人工授精。由于PVP是大分子聚合物（相对分子质量为40 000～700 000），用PVP作为FSH的载体和FSH混合注射，可使FSH缓慢释放，从而延长FSH的作用时间，一次注射FSH即可达到超排的目的。研究表明，FSH制剂用PVP溶解进行一次注射超排时，其在母牛体内的半衰期可延长到大约3天；溶解在盐水中进行一次注射超排时，其半衰期仅为5小时左右。用此法不但可延长FSH的半衰期，增加FSH的作用效果，而且一次注射还可有效避免母牛产生应激反应，是较理想的超排方法，只是该方法目前还不太成熟。

3. 胚胎移植

1）**胚胎移植的意义**　选用良种母牛通过激素的处理，使其卵巢上有多个卵泡生成（也即是进行超数排卵），再用优秀的种公牛精液进行人工授精，然后将受精后的早期胚胎从体内里取出，分别移植到多头生理状态相同的仅有一般生产性能的母牛子宫内让其怀孕，最后产出多头优良后代，这就是通常所说的"借腹怀胎"。

牛是单胎动物，自然状态下一胎只能产一犊，若按照牛繁殖年龄10岁计算，其一生最多只能留下7~8个后代，而利用胚胎移植技术可以克服自然条件下动物繁殖周期和繁殖效率的限制，其繁殖后代的速度是自然状态下的十几倍甚至几十倍，从而快速增加良种牛的数量。胚胎移植技术在生产上的意义主要有以下3个方面：一是能充分发挥良种母牛的繁殖潜力。二是可以快速提高牛群质量，提升良种牛数量。三是缩短种公牛选育时间。

2）胚胎移植的生理基础

（1）母牛发情后生殖器官的孕向发育　牛发情后，卵巢处于黄体期，无论卵子是否受精，母牛生殖系统均处于卵子受精后的生理状态之下，为妊娠做准备，即母牛生殖器官孕向发育。母牛生殖器官的孕向发育使不配种的受体母牛可以接受胚胎，并为胚胎发育提供各种主要生理学条件。

（2）早期胚胎的游离状态　胚胎在发育早期有相当一段时间（附植之前）是游离存在的，未和子宫建立实质性联系，在离开母体后能短时间存活。当放回与供体相同的生理环境中，即可继续发育。

（3）胚胎移植不存在免疫问题　一般在同一物种之内，受体母牛的生殖道（子宫和输卵管）对于具有外来抗原物质的胚胎和胎膜组织并没有免疫排斥现象，这一特点有利于将胚胎由供体移植给受体并继续发育。

（4）受体不影响胚胎的遗传基础　虽然移植的胚胎和受体子宫内膜会建立生理上和组织上的联系，从而保证了以后的正常发育，但受体并不会对胚胎产生遗传上的影响，不会影响胚胎固有的优良性状。

3）胚胎移植的操作原则

☞胚胎移植前后所处环境要保持一致，即胚胎移植后的生活环境和胚胎的发育阶段相适应，包括生理状态和解剖位置。

☞胚胎收集期限：胚胎收集和移植的期限（胚胎的日龄）不能超过周期黄体的寿命。最迟要在周期黄体退化之前数日进行移植。通常是在供体发情配种后 3 ~ 8 天收集和移植胚胎。

☞在全部操作过程中，胚胎不应受到任何不良因素（物理、化学、微生物）的影响而危及生命力。移植的胚胎必须经鉴定并认为是发育正常者。

4）胚胎移植的基本程序　胚胎移植的基本程序包括供体超排与配种、受体同期发情处理、采胚、检胚和移植。关于超排和同期发情处理前面已提到，下面只介绍采胚、检胚和移植。

（1）采胚　胚胎的收集是利用冲胚液将胚胎由生殖道中冲出，并收集在器皿中。由供体收集胚胎的方法有手术法和非手术法两种。目前牛一般用非手术法。

冲胚一般在输精后 6 ~ 7 天进行，采用二路式导管冲胚管。它是由带气囊的导管与单路管组成，导管中一路用于气囊充气，另一路用于注入和回收冲卵液。冲胚示意图见图5-13，冲胚现场见图5-14。冲胚程序如下：

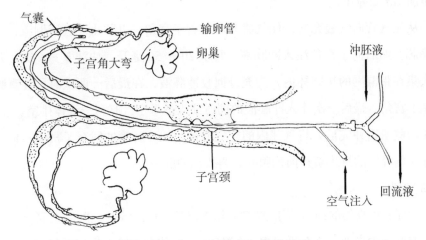

图5-13　冲胚示意图（魏成斌制图）

图5-14　冲胚现场（徐照学提供）

①洗净外阴部并用乙醇消毒。用扩张棒扩张子宫颈，用黏液抽吸棒抽吸子宫颈黏液。

②用2%普鲁卡因或利多卡因5毫升，在荐椎与第一尾椎结合处或第一尾椎与第二尾椎结合处施行硬膜外腔麻醉，以防止子宫蠕动及母牛努责不安。

③通过直肠把握法，把带钢芯的冲胚管慢慢插入子宫角，当冲胚管到达子宫角

大弯处，由助手抽出钢芯 5 厘米左右，继续把冲胚管向前推。当钢芯再次到达大弯处时，再把钢芯向外拔 5 ~ 10 厘米，继续向里推进冲胚管，直到冲胚管的前端到达子宫角前 1/3 处为止。

④从充气管向气囊充气，使气囊胀起堵着子宫角，以防止冲胚液倒流，固定后抽出钢芯，然后向子宫角注入冲胚液，每次 20 ~ 50 毫升，冲洗 5 ~ 6 次，并将冲胚液收集在带漏网的集卵杯内。为充分回收冲胚液，在最后一两次时可在直肠内轻轻按摩子宫角。最后一次注入冲胚液的同时注入适量空气有利于液体排空。

⑤两侧子宫冲完后，将气球内的空气放掉，把冲胚管抽回至子宫体，直接从冲胚管灌注稀释好的抗生素和前列腺素，再拔出冲胚管。

（2）检胚

①检卵：将收集的冲卵液于 37℃温箱内静置 10 ~ 15 分。胚胎沉底后，移去上层液。取底部少量液体移至平皿内，静置后，在实体显微镜下先在低倍（10 ~ 20 倍）镜下检查胚胎数量，然后在高倍（50 ~ 100 倍）镜下观察胚胎质量。

②吸胚：吸胚是为了移取、清洗、处理胚胎，要求目标正确，速度快，带液量少，无丢失。吸胚可用 1 毫升的注射器装上特别的吸头进行，也可使用自制的吸胚管（图 5-15）。

③胚胎质量鉴定：正常发育的胚胎，其中细胞（卵裂球外形整齐，大小一致，分布均匀，外膜完整。无卵裂现象（未受精）和异常卵（透明带破裂、卵裂球破裂等）都不能用于移植。用形态学方法进行胚胎质量鉴定，将胚胎分为 A、B、C3 个等级，A 级胚胎用于移植。

图 5-15　吸胚

④装管：胚胎管使用 0.25 毫升细管。进行鲜胚移植时，先吸入少许培养液，吸一个气泡，然后吸入含胚胎的少许培养液，再吸入一个气泡，最后再吸取少许培养液（图 5-16）。

（3）移植胚胎　移植胚胎一般在受体母牛发情后第六至第七天进行。移植前需

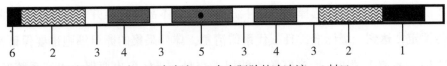

6　2　3　4　3　5　3　4　3　2　1

1.棉栓　2.解冻液　3.空气　4.冷冻液　5.含有胚胎的冷冻液　6.封口

图5-16　冷冻胚胎装管模式（施巧婷制图）

进行麻醉，通常用2%普鲁卡因或利多卡因5毫升，在荐椎与第一尾椎结合处或第一尾椎与第二尾椎结合处施行硬膜外腔麻醉（图5-17）。将装有胚胎的吸管装入移植枪内，用直肠把握法通过子宫颈插入子宫角深部，注入胚胎。应将胚胎移植到有黄体一侧子宫角的上 1/3 ~ 1/2 处，如有可能则越深越好。非手术移植要严格遵守无菌操作规程，以防生殖道感染。

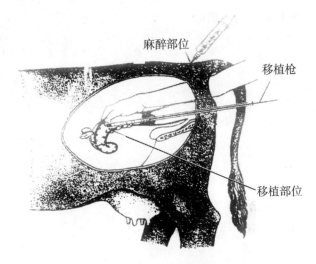

图5-17　胚胎移植示意图（魏成斌制图）

牛用非手术移植。非手术移植一般在发情后第六至第九天（即胚泡阶段）进行，采用胚胎移植枪和0.25毫升细管移植的效果较好。

（4）胚胎的安全生产与防疫

①严格遵守操作规程：移植胚胎时要严格遵守无菌操作规程，以防生殖道感染。

A.器械消毒　用于冲胚、检胚、移植整个过程中的所有仪器都必须用各自适宜的灭菌方法进行灭菌。移植枪在每次使用后要进行彻底清洗，干燥后用环氧乙烷气体消毒或干燥灭菌，在条件不具备时可在每次输精后清洗干净移植枪，使用前一定要用75%乙醇彻底消毒，待乙醇彻底挥发后再使用。

B.溶液的配制与处理　对配制的溶液要检查pH和渗透压。对冲胚液、Tris液的灭菌应使用高压蒸汽法，而血清、BSA、胰酶、透明质酸酶等在高温下容易变性或者分解，需用0.22微米的滤膜进行过滤灭菌。对需要保存一段时间的溶液，应添加适量抗生素。为防止污染和变质，应把溶液分装成各自的最小使用量，进行冷藏（4℃）或冷冻（-20℃以下）保存，溶液不能反复冻存，一经解冻，不再回收利用。

操作过程要遵循无菌原则，术者、牛后躯，要清洗并严格消毒。

②供体牛和受体牛的选择。供体牛健康且符合本品种标准并进行生产性能测定和遗传评定，达到一级标准，且三代系谱清楚。体外采集的卵母细胞也要保证来自健康牛因为系谱不清晰，所产胚胎不能用于交易。受体牛也要保证生殖系统健康，体格与供体牛相近，以免造成难产。供体牛和受体牛都要提供合理的日粮，保证均衡充足的营养供应。

六、疫病防治标准化技术

（一）肉牛场的卫生防疫

在牛场生产中应坚持"防重于治"的方针，防止肉牛疾病发生，特别是传染病、代谢病，使肉牛更好地发挥生产性能，提高养牛业的经济效益。

1. 传染病和寄生虫病的防疫工作

1）日常的预防措施

①肉牛场应将生产区与生活区分开。生产区门口应设置消毒池和消毒室（内设紫外线灯、喷雾消毒等消毒设施，图6-1），消毒池内应常年保持2% ～ 4%氢氧化钠溶液等消毒药（图6-2）。

图6-1　喷雾消毒通道　　　　　　　图6-2　消毒池

②严格控制非生产人员进入生产区，必须进入时应更换工作服及鞋帽（图6-3），经消毒室消毒后才能进入。

③生产区不准解剖尸体，不准养狗、猪及其他畜禽，定期灭蚊蝇。

④肉牛繁殖场每年春、秋季各进行1次结核病、布鲁氏菌病、副结核病的检疫。检出阳性或有可疑反应的牛要及时按规定处置。检疫结束后，要及时对牛舍内外及用具等彻底进行1次大消毒。

⑤每年春、秋各进行1次疥癣等体表寄生虫的检查；6～9月，焦虫病、吸虫病流行区要定期检查并做好灭蜱、螺工作；10月对牛群进行1次肝片吸虫等的预防驱虫工作；春季对犊牛群进行球虫的普查和驱虫工作。

图6-3 进入场区穿工作服

⑥新引进的牛必须有法定单位的检疫证明书，并严格执行隔离检疫制度，确认健康后方可入群。

⑦饲养人员每年应至少进行1次体格检查，如发现患有危害人、牛的传染病者，应及时调离，以防传染。

2）发生疫情时的紧急防治措施

①应立即组成防疫小组，尽快做出确切诊断，迅速向有关上级部门报告疫情。

②迅速隔离病牛，对危害较重的传染病应及时划区封锁，建立封锁带，出入人员和车辆要严格消毒，同时严格消毒污染环境。解除封锁的条件是在最后一头病牛痊愈或屠宰后两个潜伏期内再无新病例出现，经过全面大消毒，报上级主管部门批准，方可解除封锁。

③对病牛及封锁区内的牛只实行合理的综合防制措施，包括疫苗的紧急接种、抗生素疗法、高免血清的特异性疗法、化学疗法、增强体质和生理机能的辅助疗法等。

④病死牛尸体要严格按照防疫条例进行处置。

2. 代谢病的监控工作 在肉牛繁育场，特别是乳肉兼用牛的繁育场，由于肉牛生产的集约化和高标准饲养及定向选育的发展，提高了肉牛的生产性能和饲养场的经济效益，推动了营养代谢问题研究的进展，但与此同时，若饲养管理条件和技术稍有疏忽，就不可避免地导致营养代谢疾病的发生，严重影响肉牛的健康，因此必须重视肉牛代谢病的监控工作。

1）代谢抽样试验（MPT） 每季度随机抽 30～50 头肉牛血样，测定血中尿氮含量、血钙、血磷、血糖、血红蛋白等一系列生化指标，以观测牛群的代谢状况。

2）尿 pH 和酮体的测定 产前 1 周至分娩后 2 个月内，隔日测定尿 pH 和酮体 1 次，对测出阳性或可疑牛只及时治疗，并注意牛群状况。

3）调整日粮配方

①定时测定平衡日粮中各种营养物质含量。

②对消瘦、体弱的肉牛，要及时调整日粮配方，增加营养，以预防相关疾病的发生。

3. 乳房、蹄部的卫生保健 每年春、秋季各检查和整蹄 1 次，对患有肢蹄病的牛要及时治疗。蹄病高发季节，应每周用 5% 硫酸铜溶液喷洒蹄部 2 次，以减少蹄病的发生，对蹄病高发牛群要关注整个牛群状况。

（二）常见传染病

1. 口蹄疫 口蹄疫为偶蹄动物的一种急性、发热性、高度接触性传染病，可以感染人。本病特性是口腔黏膜、舌、蹄部和乳房皮肤发生水疱和溃烂。本病一旦发生，流行很快，使牛的生产性能降低，造成很大的经济损失。口蹄疫目前被国际兽医卫生组织列为烈性传染病，一旦发现必须扑灭、封锁区内所有病畜和可疑病畜。动物感染本病将导致其生产性能下降约 25%，由此而带来的贸易限制和卫生处理等费用更难以估算。因此，世界各国都特别重视对本病的研究和防治。

1）病原 口蹄疫的病原体为口蹄疫病毒，属微核糖核酸病毒科，口蹄疫病毒属，此病毒呈圆形，直径为 21～25 纳米，是已知病毒中最细小的一种。此病毒在不同条件易发生变异，根据病毒的血清学特性，目前已知的口蹄疫病毒有 A、O、C 型，南非 1、2、3 型和亚洲 1 型等 7 个类型，各类型中又有很多亚型。各类型间抗原性不同，没有交叉免疫性，同型的亚型间有部分交叉免疫性。

病毒主要存在于病牛的水疱皮内及淋巴液中，在水疱期发展过程中，病毒进入血液，分布到全身各种组织和体液中，发热期血液中含病毒量最高，退热后乳、粪、尿、口涎、眼泪等分泌物中都会有一定量的病毒。

病毒对外界环境的抵抗力很强，生存时间与含毒材料、病毒浓度及环境状况密切相关。病毒在土壤中可存活1个月，在干草上可生存104～108天，在牛毛上毒力可保持数周。低温不会使毒力减弱：在冰冻情况下，肉中的病毒可存活30～40天；在5℃条件下，病毒在50%甘油生理盐水中能保存400～700天。高温和阳光可杀死病毒：在60℃条件下经30分、120℃时经3分即可杀死病毒。乙醇、石炭酸、来苏儿、升汞等消毒药对病毒的杀灭能力微弱。2%福尔马林和2%苛性钠对该病毒具有的较强的杀灭作用。

2）流行病学　肉牛对口蹄疫病毒具易感性，病牛是本病的传染源，其分泌物、排泄物及畜产品，如乳、肉皆含有病毒。口蹄疫病毒的传染性很强，一经发生常呈流行性，传播方式既有蔓延式的，也有跳跃式的。

此病的传染方式，有直接感染，如病牛与健康牛接触，受水疱液传播；也有间接传播，即通过各种媒介物，如牛的唾液、粪、尿、乳、呼出的气体等能将病毒蔓延。其传播途径主要是消化道，也可经黏膜、乳头及受损伤皮肤和呼吸道感染。

乳肉牛多在冬、春两季发病，一般从11月开始，第二年2月截止。育成牛、成年牛发病较多，犊牛发病较少。

3）症状　潜伏期为2～4天，最长达7天。

发病初期，病牛的体温升高到40～41℃，精神委顿、食欲降低。1～2天后流涎，涎呈丝状垂于口角两旁，采食困难。口腔检查，发现舌面、齿龈处有大小不等的水疱和边缘整齐的粉红色溃疡面。水疱破裂后，体温降至正常。

乳头及乳房皮肤上发生水疱，初期水疱清亮，以后变混浊，并很快破溃，留下溃烂面，有时感染继发乳腺炎。

蹄部水疱多发生于蹄冠和蹄叉间沟的柔软部皮肤上，若被泥土、粪便污染，患部会继发感染化脓，走路跛行。严重者，可引起蹄匣脱落。

本病一般为良性，死亡率低，仅为1%～2%。口腔发病，约经1周时间可痊愈。蹄部出现病变时，病程较长，可达2～3周。但如果水疱破溃后继发细菌感染，糜烂加深，则病程延长或恶化，也有在恢复期病情突然恶化的病牛，表现为全身虚弱、肌肉颤抖，心跳加快、节律不齐，反刍停止，站立不稳，最后因心肌麻痹而死亡。恶性口蹄疫是由于病毒侵害心肌所致，死亡率高达20%～50%。

犊牛发病后死亡率很高，主要表现出血性肠炎和心肌麻痹（癀斑心）。

4）诊断　根据流行季节和牛的口腔、蹄、乳房皮肤上的特征性病变，可以初步做出诊断，但应与牛瘟、传染性口炎相区别。

（1）与牛瘟的区别　牛瘟是牛瘟病毒引起的，只感染牛，无水疱发生，溃疡面不规则，乳头、蹄部无病变。牛瘟还伴发胃肠炎，腹泻；口蹄疫水疱和溃疡在牛乳房、口腔、蹄部均有发生，溃烂面较规则，边缘平整，易愈合；除牛外，猪等偶蹄兽均可感染此病。

（2）与传染性口炎的区别　传染性口炎，除牛、猪外，马、驴等单蹄兽也能感染，流行范围小，发病率低，必要时可进行动物实验加以区别。

诊断时，还应考虑到口蹄疫病毒具有多型性的特点。

5）治疗　此病目前尚无特效疗法。发生口蹄疫时应严格隔离，加强护理，给予优质的饲料（如玉米粥、麸皮粥等），搞好环境卫生，对症治疗，防止继发感染。

（1）对口腔的处理　常用0.1%高锰酸钾或1%明矾或2%乙酸溶液冲洗口腔，每天2～3次，冲洗后可涂抹下列药物之一：3%紫药水、碘甘油、冰硼散、青黛散。

（2）对蹄部的处理　先用10%硫酸铜溶液或3%来苏儿水彻底洗净患蹄，然后涂10%碘酊或松馏油。如果病变严重，可打蹄绷带，每隔2天处理1次。

①蹄部药浴：制作长1.5～2米、宽1～1.5米、高20～25厘米的暂时浴池，内盛1%福尔马林液或10%硫酸铜，每天使病牛通过浴池1～2次，连续5～6天。

②对乳房的处理：用0.1%高锰酸钾液或1%～2%来苏儿水或0.1%新洁尔灭液，清洗患部乳区，待挤完乳后，可涂抹10%磺胺膏或抗生素软膏或3%紫药水。

③对体温升高、食欲废绝的病牛，为防止其继发感染，可用抗生素、磺胺等药物治疗。

④高免疫血清有较好的疗效。病情严重紧急时，可考虑使用痊愈牛血或血清，但使用前应做安全试验。

6）预防

（1）注射疫苗　牛O型口蹄疫灭活疫苗系选择抗原谱广、抗原性和免疫原性良好的牛源强毒OA/58为毒种，接种于BHK-21传代细胞系单层培养，制备病毒抗原，经二乙烯亚胺（BEI）灭活，加矿物油佐剂制成的乳剂疫苗预防接种和紧急接种，免疫持续期为6个月。成年牛肌内注射3毫升，1岁以下犊牛肌内注射2毫升。本品应防止冻结。在4～8℃条件下贮存，有效期为10个月。

（2）发病牛场处理　发生口蹄疫的牛场，首先应将疫情上报有关单位，同时采取紧急措施。

①隔离病牛。对牛场内所有的牛要及时细致地检查，将病畜尽早从牛群中挑出，集中在一僻静地方隔离饲养，严禁与健康牛群接触。

②封锁病牛场。病牛场内的饲养员、车辆及一切用具都应固定，不得出场。严禁外来人员与车辆入场。

③严格消毒。

A.食槽每天都要用清水洗刷，每隔 3 ～ 4 天消毒 1 次。运动场、牛舍内的地面，每隔 5 ～ 7 天消毒 1 次，消毒液为 2% 氢氧化钠。污水及消毒液应集中处理。

B.牛场大门及交通要道要有专人看管，并设有消毒池，必须出入的人员或车辆都必须经消毒池消毒。各牛舍门口也要设有消毒池。场内的工作人员不能随意走动，上下班时要洗手，并用 1% 来苏儿水消毒，上下班服装要严格控制，不能混穿，上班服装还要做必要的消毒。

C.病牛所产乳均应用消毒剂充分消毒后废弃。病牛场内其他牛所产的乳应集中起来，做高温处理。

（3）未发病的牛场　坚持严格的消毒和防疫制度，严禁与病牛场的人、物、牛接触，定期注射口蹄疫疫苗。

2.结核病　结核病为分布较广的人畜共患慢性传染病，主要侵害肺脏、消化道、淋巴结、乳房等器官，在多种组织形成肉芽肿（结核性结节、脓疡）干酪化和钙化病灶。

1）**病原**　结核病的病原体是结核分枝杆菌。结核菌有人型、牛型、禽型，牛型与人型可以交叉感染。结核菌对环境的抵抗力强。在干燥环境中，病菌可存活 6 ～ 8 个月，在牛奶中可存活 9 ～ 10 天。此病菌耐干热，在 100℃ 干热条件下，经 10 ～ 15 分才能被杀死。但不耐湿热，65℃经 15 分、85℃经 2 分、100℃经 1 分即可被杀死，故牛奶及其他乳品采用巴氏消毒法即可杀灭该菌。该菌对普通化学消毒剂、酸、碱等有相当的抵抗力，约经 4 小时才可杀灭，70% 乙醇和 10% 漂白粉有很强的杀菌作用。

2）**流行病学**　结核病在世界各国广泛流行。越是人烟稠密、地势低注、气候温和、潮湿的地区，发病越多。结核病潜伏期长，发病缓慢。

①患结核病的牛和其他动物以及人是本病的传染源，特别是开放性结核病的病牛和人。

②结核病的传播途径，一是呼吸道，二是消化道。

③不良的外界环境，如饲料营养不足、牛舍阴暗、潮湿、卫生条件差，牛缺乏运动，饲养密度过大，皆可促使结核病的发生与流行，结核病的发生往往呈地方性流行趋势。

3）**症状** 潜伏期长短不一，短者十几天，长者可达数月或数年。

（1）肺结核 肉牛的多发病，主要症状是干咳，尤其是起立、运动、吸入冷空气或含尘埃的空气时更易咳。病初时食欲、反刍均无变化，但易疲劳。随着病情的发展，咳嗽由少而多，带疼感，伴有低热，咳出的分泌物呈黏性、脓性，灰黄色，呼出气体带有腐臭味，严重时呼吸困难，伸颈仰头。肺部听诊有啰音和摩擦音，叩诊有浊音区。体表淋巴结肿大，患牛消瘦、贫血。当发生全身性粟粒结核、弥漫性肺结核时，体温升高到40℃。

（2）肠结核 主要症状是前胃弛缓或瘤胃膨胀，腹泻与便秘交替发生，腹泻时，粪呈稀粥状，内混有黏液或脓性分泌物，营养不良，渐进性消瘦，全身无力，肋骨外露。直肠触摸时，腹膜表面粗糙、肠系膜淋巴结肿大，有时会触摸到腹膜或肠系膜的结核结节。

（3）乳房结核 乳房上淋巴结肿大，乳房实质部有数量不等、大小不一的结节，质地坚硬，无热无疼。泌乳量减少，发病初期乳汁无明显变化，严重时乳汁稀薄，呈灰白色。

（4）生殖器官结核 主要症状是性机能紊乱，发情频繁，久配不孕，母牛流产，公牛附睾肿大，有硬结。

4）**诊断** 肉牛发生不明原因的消瘦、咳嗽，肺部听诊与叩诊异常，乳房硬结，顽固性下痢，体表淋巴结慢性肿胀，即可怀疑本病。现行确诊结核病的方法是结核菌素检疫。结核菌素检疫有点眼法、皮内法和皮下法3种，通常用皮内法和点眼法综合评定。

（1）皮内法的具体方法如下

①注射部位。将结核菌素注射在左侧颈部皮内，3个月以内的犊牛注射到肩胛部。注射前，应测量皮肤厚度。

②注射剂量。3个月以内的犊牛注射0.1毫升，3～12个月龄的牛0.15毫升，1年以上的牛0.2毫升。

③结果观测。注射后72小时测量皮肤厚度，并注意注射部位有无热、痛、肿等

情况。

④判定。

A.阳性反应（＋）：局部发热，有痛感，并呈现界限不明显的弥漫性水肿，其肿胀面积在 35 毫米 ×45 毫米以上；或上述反应轻，而皮差（接种后皮厚与原皮厚之差）超过 8 毫米以上。

B.可疑反应（±）：炎性肿胀面积在 35 毫米 ×45 毫米以下，皮差在 5 ~ 8 毫米。

C.阴性反应（－）：无炎性水肿，皮差在 5 毫米以下，或仅有坚实而界限明显的硬块。

（2）点眼法的具体做法如下

①方法。详细检查两眼，并用 2% 的硼酸冲洗；正常时方可点眼，一般点左眼，左眼有病可点右眼，必须在记录上说明。一般点 3 ~ 5 滴。

②观察反应。点眼后于 3 小时、6 小时、9 小时、24 小时各观察 1 次，观察两眼的结膜与眼睑的肿胀情况，流泪及分泌物的性质与量的多少，阴性反应和可疑牛只 72 小时后于同一眼再点 1 次。

③判定。

A.阳性反应：有 2 毫米 ×10 毫米以上的黄色脓性分泌物积聚在结膜囊及眼角或散布在眼的周围，或者分泌物较少但结膜充血、水肿、流泪明显，并伴有全身反应。

B.疑似反应：有 2 毫米 ×10 毫米以上的灰白色、半透明的黏液性分泌物积聚在结膜囊或眼角处，但无明显的眼睑水肿及全身反应。

C.阴性反应：无反应或仅有结膜轻微充血，眼有透明浆液性分泌物。

D.综合判定：以上两种方法中任何一种呈现阳性反应即判定为结核菌素阳性反应；任何一种反应呈疑似反应者即判定为疑以反应。

5）**药物防治**　对结核病牛应立即淘汰，对于应保护的良种母、公牛可用链霉素、异烟肼及利福平治疗。

处方一：异烟肼 2 毫克 / 千克体重，口服，每日 2 次，3 个月 1 个疗程。

处方二：链霉素 2 ~ 4 克，肌内注射，每日 2 次，配合异烟肼。

处方三：利福平 3 ~ 5 克，口服，每日 2 次，配合异烟肼。

6）**防治措施**　主要采取综合性防治措施，原则是防止疾病传入，净化污染牛群，培养健康牛群。

（1）检疫消毒措施　肉牛场每年必须对牛群在春、秋季各进行 1 次结核病检疫。

开放性结核病牛，应予以屠宰，产品处理应按照防疫条例进行；无症状的阳性牛，应隔离或淘汰；可疑牛需复检，凡 2 次可疑者，可判为阳性。病畜污染的牛棚、用具，要用 10% 漂白粉，或 20% 石灰乳，或 5% 来苏儿消毒。

结核病牛场，在第一次检疫后，处理、扑杀、隔离阳性可疑牛只，30 ~ 45 天后应对牛群进行第二次检疫，后每隔 30 ~ 45 天进行一次检疫。在 6 个月内连续 3 次不再有阳性病牛检出，可认为是假定健康牛群。对假定健康牛群每半年检疫一次。

对已出场的牛，不要再回原牛场。新购入的牛，需进行结核菌素检疫，反应阴性者才能入场。

每年春、秋季要对牛场进行全面的消毒。牛棚、牛栏可用石灰乳粉刷，食槽、用具可用 10% 漂白粉消毒。粪便要堆积发酵。

饲养员应定期进行健康检查，如有患结核病者，不再做饲养肉牛的工作。

（2）在结核病牛群中培养健康牛　将无症状的结核病阳性牛集中饲养，场地应选在较偏远的地方，定为结核牛场。该场要与健康牛场绝对隔离，所产的乳要用巴氏消毒法消毒。该场的产房应清洁、干燥，定期消毒，出生犊牛脐带断口要用 10% 碘酊浸泡 1 分。犊牛出生后要立即与母牛分开，调入中转牛场，人工喂初乳 3 天，以后由检疫无病的母牛供养或喂消毒乳；犊牛舍一切用具应严格消毒，犊牛出生后 20 ~ 30 天做第一次结核菌素检疫，100 ~ 120 天时做第二次检疫，160 ~ 180 天时做第三次检疫。3 次检疫为阴性者，可进入健康的牛群。

（3）公共卫生　人结核病多由牛结核菌杆菌所致，饮用带菌的生牛奶是最直接的原因，因此消毒牛奶是预防人患结核病的一项重要措施。

3. 布鲁氏菌病　布鲁氏菌病为人、畜共患的一种接触性传染病，主要危害生殖器官，引起子宫、胎膜、睾丸的炎症，还可引起关节炎。临床特征是流产、不孕和多种组织的局部病灶。牛、羊、猪最常发生，人感染此病后，表现为波浪热、关节痛、睾丸肿大、神经衰弱等症状。

1）**病原**　布鲁氏菌病的病原体是布鲁氏菌。此病菌微小，近似球状。形态不甚规则，不形成芽孢，无荚膜，革兰染色阴性。

①布鲁氏菌对热的抵抗力不强，60℃湿热经 15 分可被杀死。对干燥的抵抗力较强，在尘埃中可存活 2 个月，在皮毛中可存活 5 个月。

②本病菌侵袭力和扩散力很强，不仅能从损伤的黏膜、皮肤侵入机体，还能从正常的皮肤、黏膜侵入机体，它不产生外毒素，其致病物质是内毒素。

③普通消毒剂有杀菌作用。1%～3%石炭酸、2%福尔马林、0.1%升汞、5%石灰水都可杀死该病菌。

④布鲁氏菌主要有羊型、牛型、猪型3种。每型又有多种亚型。近几年新发现的还有绵羊布鲁氏菌、沙林鼠布鲁氏菌及犬布鲁氏菌。

2）流行病学 牛型布鲁氏菌主要侵害牛，病牛是主要传染源。病菌主要存在于病牛的阴道分泌物、流产的胎儿、胎水、胎膜、乳汁、粪尿及公牛的精液中。其传播途径，一是直接接触传染，通过交媾、创伤皮肤和结膜感染；二是消化道传染，即健康牛采食了被病原菌污染的饲料和饮水，经消化道而被感染。此外吸血昆虫也可传播本病。初产母牛对此病敏感，病牛流产1～2次后，很少再发生流产，有自然康复和产生免疫的现象。

本病无季节性，饲养管理不当，营养不良，防疫注射消毒不严格等皆可促使本病的流行，本病多呈地方性流行。

3）症状 潜伏期2周至6个月。

布鲁氏菌首先侵害侵入门户附近的淋巴结，继而随淋巴液和血液散布到其他组织中，如妊娠子宫、乳房、关节囊等，引起体温升高，发生关节炎、乳腺炎、妊娠母畜发生流产，导致胎衣不下、子宫内膜炎等症状，致使母牛不易受孕。流产胎衣呈黄色胶冻样浸润，有些部位覆有纤维蛋白絮片和脓液，有些部位增厚，加杂有出血点，胎儿第四胃有淡黄色或白色黏液絮状物。

临床流产多发生于妊娠后5～8个月，流产胎儿可能是死胎或弱犊。公牛睾丸受侵害时会引起睾丸和附睾发炎、坏死或化脓，阴囊出血坏死，慢性病牛结缔组织增生，睾丸与周围组织粘连。乳房实质、间质细胞浸润、增生。

4）诊断 本病的临床症状不典型，不易确诊。怀孕牛流产的原因较多，有时布鲁氏菌可以引起流产，也有感染布鲁氏菌的牛不表现流产；有的孕牛流产，又不是由布鲁氏菌引起的，因此，孕牛流产时应对其胎儿、胎膜进行细菌学分离和鉴定病原，万不可疏忽大意。病料可取流产胎儿的第四胃及其内容物、肺、肝及脾脏，送有关单位化验。目前，广泛采用血清凝集反应及补体结合试验，进行布鲁氏菌病的诊断。

5）治疗 本病目前还未有特效治疗药物，只能对症治疗，流产后继发子宫内膜炎的病牛，或胎衣不下经剥离的病牛，可用0.1%高锰酸钾液、0.02%呋喃西林溶液等冲洗阴道，子宫放置金霉素或土霉素。严重病例可用金霉素、链霉素等抗菌药物全身治疗。

6）防治 布鲁氏菌病预防原则是定期检疫，扑杀病牛，加强防疫，防止病原菌侵入，培育健康犊牛。

（1）健康牛群

①加强饲养管理。日粮营养要均衡，矿物质、维生素饲料供应要充足，以加强孕牛体质。

②严格消毒。产房、饲槽及其他用具都要用 10% 石灰乳或 5% 来苏儿溶液消毒。孕牛分娩前要用 1% 来苏儿洗净后躯和外阴，人工助产器械、操作人员手臂都要用 1% 来苏儿清洗消毒。褥草、胎衣要集中到指定地点发酵处理。

③隔离可疑牛。有流产症状的母牛应隔离，并取其胎儿的第四胃内容物作细菌鉴定。呈阴性反应的牛可回原棚饲养；扑杀阳性反应的牛，同时整个牛场要进行一次大消毒。

④定期检疫。每年应分别在春、秋各进行 1 次检疫，阳性牛要与健康牛隔离。注射过布病疫苗的牛场，应用血清抗体检疫困难，应做补体结合试验，以最后判定是否患有此病。

⑤定期预防注射。犊牛 6 月龄时注射布鲁氏菌病疫苗。注射前要做血检，阴性者可注射。注射后 1 个月检查抗体，凡血检阴性或可疑者，再做第二次注射。直到抗体反应阳性为止。目前在我国的有些地区已经净化了此病，形成无布鲁氏菌病区域，这些地域只进行疫情监测，不注射疫苗。

（2）病牛群 对于存在该病的牛群要定期检疫、扑杀病牛，控制传染源，切断传播途径，同时要加强饲养管理，饲料要丰富，品质要好，保持良好的卫生环境，做好消毒工作，培养健康牛群。约经 2 年时间，牛群无阳性反应牛出现，标准是 2 次血清凝集反应和 2 次补体结合试验全为阴性，且分娩正常。

病牛所生的犊牛，出生后立即与母牛分开，人工饲喂初乳 3 天后，转入中途站内用消毒乳饲喂。在 5～9 个月龄，进行 2 次血清凝集反应检疫，阴性反应牛注射流产 19 号疫苗或直接归入健康牛群。

人也可感染布鲁氏菌病，其传染源主要是患病动物，传染途径是食入、接触、吸入被病原污染的食物、污物、粉尘等，一般不由人传染给人，所以人类该病的消灭有赖于动物布鲁氏菌病的消灭。首先直接参与牧畜生产及畜产品加工的人员及实验室工作人员应做好自身防护，其次应注意食饮卫生和饮食习惯，在疫区还可以接种疫苗。

4. 炭疽病 炭疽病为各种家畜共患的一种急性、热性、败血性传染病。其特征是病牛的皮下和浆膜下组织呈出血性浆液浸润，血凝不全，脾脏肿大，常呈最急性和急性经过，本病可传染给人。

1）病原 炭疽病的病原是炭疽杆菌。炭疽杆菌菌体长、直，菌端方正或微凹，呈竹节状。人工培养的菌体呈长链状，在病畜血液及组织中呈单个或短链。此杆菌能产生荚膜。在有氧条件下形成芽孢，芽孢位于菌体中央，或稍偏一端，芽孢具有很强的抵抗力，在病畜体内未与空气接触的细菌不会产生芽孢，故凡患炭疽病的尸体，严禁剖检，以防止菌体形成芽孢后污染环境。

炭疽杆菌在外界环境分布很广，发生炭疽病的地区，其土壤中分布较多。炭疽杆菌的繁殖体抵抗力不强，60℃条件下经 15 分即被杀死。但当形成芽孢后，抵抗力则增强，如在干燥环境中可生存 10 年，在粪便与水中也可长期存活。温热的 10% 福尔马林、含 0.5% 盐酸的 0.1% 升汞和 5% 氢氧化钠可将芽孢杀死，石炭酸及来苏儿对它作用甚微。

2）流行病学 病牛是本病的主要传染源，濒死病牛及其分泌物、排泄物中含有大量的病菌。尸体处理不当，形成大量芽孢会污染环境、土壤、水源，成为永久的疫源地。

此病主要经消化道感染，另外还能经呼吸道、皮肤、伤口及吸血昆虫感染。

3）症状 潜伏期为 1 ～ 5 天。

最急性型病例发病急剧，无典型症状而突然死亡，全身肌肉震颤，步态蹒跚，可视黏膜发绀，呼吸困难，大声鸣叫而死亡，濒死期天然孔出血、血凝不全，病程数分至数小时。急性发病的症状是体温急剧升高到 41 ～ 42℃,心跳每分 100 次以上，反刍停止，食欲废绝，伴发瘤胃膨胀，泌乳停止。病初兴奋不安，惊恐鸣叫，横冲直撞，后期精神沉郁，呼吸困难，步态不稳，可视黏膜发绀，并有针尖到米粒大小的出血点。有的病牛先便秘后腹泻，便中带血。病程 1 ～ 2 天，濒死期全身战栗，呈痉挛样，体温下降，呼吸极度困难。孕牛流产，颈、胸部水肿。

亚急性发病的症状同急性型相似，但病程较长，2 ～ 5 天，病情较缓和。在体表各部，如喉头、颈部、胸前、腹下、肩胛、乳房等皮肤以及直肠、口腔黏膜等形成炭疽痈，病初硬固，有热痛，后热痛消失，发生坏死，有时可形成溃疡，出血。

4）诊断 最急性和急性病例，临床上无特殊症状，不易确诊，必须结合流行病学分析和血液细菌学检查。可疑炭疽病的病例严禁剖检，采样要严格，可取耳静脉血；局部有水肿的病例，可抽取水肿液，检查后要彻底消毒。

用上述病料抹片，瑞氏或姬姆萨染色后镜检，如发现典型的具有荚膜的炭疽杆菌即可确诊为炭疽病。

沉淀试验，又称阿斯柯里氏反应。操作方法：将待检的组织数克用 6～8 倍的生理盐水稀释，煮沸 15～20 分，用滤纸过滤，取其清亮液少许缓缓倒于特制的沉淀血清上，使其成两层，如在两层之间形成乳白色云雾状环带即为阳性，可诊断为炭疽病。

诊断本病时，还要注意与牛巴氏杆菌病及气肿疽等区别。

5）治疗

（1）血清疗法　抗炭疽血清是治疗炭疽病的特效药品，静脉注射，每次 100～300 毫升；或静脉与皮下注射相结合。重病牛可在第二天再注射 1 次，病初使用可获得良好效果。

（2）药物疗法　常用药物有磺胺类、青霉素、土霉素、链霉素、先锋霉素、头孢类等，与高免血清同时并用，效果更好。

处方一：青霉素 250 万单位、链霉素 3～4 克，每天肌内注射 2 次，直至痊愈。

处方二：土霉素 2～3 克，以 1 000 毫升生理盐水稀释，静脉注射，每日 1 次，直至痊愈。

处方三：静脉注射 10% 磺胺噻唑钠 150～200 毫升或按每千克体重 0.2 克内服磺胺二甲基嘧啶。

颈、胸、外阴部水肿时，可在肿胀部周围分点注射抗炭疽血清或抗生素。

6）防治

（1）发生炭疽病时的牛场处理

①发生炭疽病时应立即上报有关部门，封锁发病场所，并对全群牛只逐头测温。凡体温升高、食欲废绝、泌乳量下降的牛，必须隔离饲养。与病牛同舍饲养或有所接触的牛，应先注射抗炭疽病血清，8～12 天再注射炭疽芽孢苗。

②牛棚、运动场、食槽及一切用具，可用含熟石灰水的 5% 氢氧化钠液消毒。

③严禁剖检尸体。病死牛及其排泄物、被污染的褥草及残存饲料等，应集中焚烧或深埋，深埋时不浅于 2 米，尸体底部与表面应撒上厚层生石灰。

④严禁非工作人员出入封锁区，工作人员必须配穿手套、胶靴和工作服，用后

严格消毒，外露部分有伤的人员不得接触病牛及其污染物。

⑤当最后1头病牛痊愈或死亡后14天，再无新的病例出现，方可解除封锁。

（2）未发生炭疽病的牛场处理　每年定期预防注射1次，一般在春季或秋季进行。可用的疫苗有以下几种。

①炭疽2号芽孢苗。牛场内所有的牛全部注射。每头牛皮下注射1毫升。注射后14天产生免疫力，免疫期为1年。

②无毒炭疽芽孢苗。1岁以上的牛，皮下注射1毫升；1岁以下的牛，皮下注射0.5毫升，注射疫苗前应对牛只做临诊检查，凡瘦弱、体温高的牛只、年龄不足1个月犊牛、产前2月内的母牛均不应注射疫苗。

7）公共卫生　炭疽病可以传染给人，引起皮肤炭疽痈、肺炭疽、肠炭疽。从事饲养、兽医、屠宰、毛皮加工工作的人员应做好卫生防护工作。严禁食用病死牛肉。

5. 牛流行热　牛流行热是由弹状病毒属的流行热病毒引起的急性热性传染病，主要症状是高热、流泪、有泡沫样流涎、鼻漏、呼吸紧迫、后躯活动不灵活。本病多为良好经过，经2～3天即恢复正常，故又称"三日热"或暂时热，但若大群发病，产奶量会大量减少，而且部分病牛会因瘫痪而淘汰，造成牛场一定程度的损失。

1）**病原**　流行热病毒呈子弹状或锥形，核酸结构为核糖核酸，对氯仿、乙醚敏感，反复冻融对该病毒无明显影响，病毒滴度不下降，该病毒耐碱不耐酸，pH 7.4、pH 8.0作用3小时仍具活力，pH 3时完全失活。发病时病毒存在于病牛血液中。

2）**流行病学**　本病的发生具有明显的季节性，主要流行于多雨、潮湿、蚊蝇较多的季节。病毒能在蚊子体内繁殖，自然条件下，吸血昆虫能传播该病。

3）**症状**　本病潜伏期3～7天。

发病前可见寒战，轻度运动失调，不易被发现，之后突然高热（40℃以上），维持2～3天。病牛精神沉郁，鼻镜干燥，肌肉震颤，结膜潮红，部分牛流泪，口腔内流出多量带泡沫的唾液，呈线状下垂，食欲减少或废绝，反刍停止，粪少而干，表面包有黏液甚至血液，瘤胃及肠蠕动减弱，产量奶急降甚至停乳，体温降至正常后，产量奶逐渐恢复。病牛在全身症状出现一天后，流出黏液浆液性鼻液，呼吸快而浅表，可达80次/分，张口呼吸，头颈伸直，以腹式呼吸为主，有些牛剧烈咳嗽，肺部听诊，病初肺泡音粗粝，1天后出现干、湿啰音，严重时有肺气肿发生。四肢在病初跛行，左右交替出现，不愿走路，行走时步态不稳，后躯摇晃，部分牛卧地不起，腰椎以下部分感觉较差，有时消失。孕牛部分流产、早产。

4）防治　目前尚无特效药物。防治原则是消灭蚊蝇，做好护理，对症治疗，防止继发症状的发生。

处方一：5% 葡萄糖盐水 1 500 毫升，0.5% 醋酸氢化可的松 50 毫升，10% 维生素 C 40 毫升，庆大霉素注射液 80 万单位，一次静脉注射，连用 3 天，适应于轻症病例，孕牛慎用，心脏机能弱的病例可加注 5% 氯化钙 1 000 毫升，重症病例肌内注射卡那霉素 500 万单位，每日 2 次。

处方二：肺水肿病例可静脉注射 20% 甘露醇或 25% 山梨醇 500 ~ 1 000 毫升。

（三）常见产科疾病

1. 子宫内膜炎

1）子宫内膜炎分类　牛子宫内膜炎是常见的产科疾病，病原微生物侵入子宫，主要引起母牛子宫内膜上皮细胞损伤、子宫积脓、早期胚胎着床等。炎症程度不同，子宫内膜炎修复所需的时间不同，对母牛繁殖的影响也不同。国内外对该病已做了很多研究，但是子宫内膜炎的发生受自然环境和饲养管理条件等因素影响，不同的地区情况不尽相同。根据临床症状可以分为：产后子宫炎、临床型子宫内膜炎、亚临床型子宫内膜炎。

（1）产后子宫炎　是动物产后 21 天内，子宫异常增大并排出臭的水样红棕色的物质，同时伴随系统性疾病症状，体温 >39.5℃。在产后 21 天内动物不发病，但子宫异常增大，且阴道检测有化脓性子宫排出物，可将其归类为临床型子宫炎。

（2）临床型子宫内膜炎　是奶牛产后 21 天或更长时间，阴道检测有脓性子宫排出物，或者是产后 26 天后，阴道检测有黏脓性子宫分泌物的子宫内炎症性疾病。

（3）亚临床型子宫内膜炎　在缺少临床型子宫内膜炎症状的情况下，产后 21~33 天，子宫细胞学样本中中性粒细胞的密度 >18%，或者是产后 34~47 天，中性粒细胞的密度 >10%。

2）牛子宫内膜炎的危害　牛子宫内膜炎是发生在牛子宫内膜炎上的炎症，引起母牛不孕，产犊间隔延长，甚至母牛屡配不孕以致淘汰。业内人士推算，按照 365 天产犊间隔计算，产犊时间每向后推迟 1 天，将要损失 9 元。

3）牛子宫内膜炎的发病原因　引起牛子宫内膜炎的因素比较复杂，是外界环境和母牛自身因素综合作用的结果。正常情况下牛子宫是无菌的封闭状态，但是在分娩中及产褥期，产道打开，加上母牛身体虚弱抵抗力降低，外源性或内源性条件致病菌趁机侵入，引起母牛的子宫内膜炎症，其中外源性感染为主要途径。引起牛子宫内膜炎的外因有很多；助产时操作不当引起的机械损伤；助产时消毒不严格带入病原微生物；产后护理不当；牛引产、胎衣剥离等造成机械损伤；以及母牛产犊时年龄和季节因素等，饲料营养搭配不均衡；产房消毒不彻底，通风不良。这些都是子宫内膜炎诱发因素。虽然大多数肉牛在产后最初2周内能清除子宫内的病源，但是因为有病原微生物的存在，子宫复旧延迟，影响母牛的受胎率。

病原微生物入侵是子宫内膜炎发生的主要原因，牛个体抵抗力差异也是该病发生的重要因素。子宫的防御机制是保护子宫免受外界微生物侵扰的重要屏障，当外界微生物入侵子宫时，子宫防御屏障会做出拦截反应，子宫收缩可以排出一部分恶露和病原；子宫的第二道防御屏障是子宫内膜上存在的免疫细胞。病原微生物通过第一道防御屏障后，免疫细胞即分泌的细胞因子，激发机体产生免疫应答，免疫球蛋白消灭进入子宫的病原微生物。这两种防御屏障都没能阻止病原微生物时就引起子宫内膜炎。

4）牛子宫内膜炎的诊断

（1）临床诊断　临床上对牛子宫内膜炎的诊断主要是通过外部观察法和直肠检查法。急性子宫内膜炎多见于产后或流产后的母牛，患牛体温升高、食欲不振，拱背、努责，阴道分泌物呈黏性或脓性黏液，有臭味。阴道检查可见絮状黏液，子宫颈口略开张。直肠检查发现患牛的子宫角增大，子宫壁增厚，弹性变差，触诊有波动。B超检查可见阴影反射区（图6-4）。内窥镜检查阴道也可以作为一种诊断方法，但是牛子宫颈存在弯曲，因此只能观察到子宫颈口和阴道分泌物的特点，目前的牛的子宫内窥镜还没有普及。为了确诊肉牛的子宫内膜炎，除了临床观察之外，要提取病料进行实验室诊断。

（2）试验室诊断　牛子宫内膜炎的实验室检查方法有多种，常用的有子宫内膜活检、

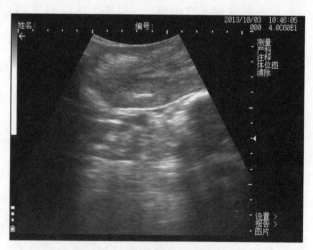

图6-4　子宫内膜炎B超诊断图

子宫内膜细胞学诊断、子宫颈口黏液的白细胞检查、精液生物学诊断、尿液和硝酸银诊断法。子宫内膜活检是通过观察子宫内膜细胞中多核型细胞（PMN）的比例，间接反映子宫内膜发炎情况。精液生物学诊断通过观察滴入牛子宫分泌物中精子活力变化来诊断子宫内膜炎，如果精子失去活力或者凝集，则表明该个体患有子宫内膜炎。尿液检查是根据患病牛的组织胺释放量增多，与硝酸银发生反应变黑的原理做出诊断。

细菌、真菌、病毒和支原体等都能引起牛子宫内膜炎，不同地域不同场次，病原微生物存在着差异。临床症状相似患牛，病原也不完全相同，仅根据临床症状用药，对部分病例效果不显著，因此需要对患牛子宫内容物进行分离鉴定，确定病原微生物种类，做针对性治疗。传统的病菌微生物分离鉴定，是培养患牛子宫内容物，根据菌落状态、镜检结果和生化鉴定，从而判断引起子宫内膜炎的主要病原。

5）牛子宫内膜炎的治疗　在牛子宫内膜炎的临床治疗过程中，国内外专家和学者做了许多探索。概括起来有子宫内疗法、全身疗法、生物疗法、激素疗法、中医疗法。

（1）子宫内疗法　根据子宫内分泌物的情况，子宫内疗法可以分为子宫冲洗法和子宫灌注法。子宫内分泌物较多时，采用子宫冲洗法，以减少子宫内有害物质积聚。子宫内分泌物较少或没有时可以进行子宫灌注法。牛子宫内膜炎多为多种菌混合感染，灌注时多选择广谱抗生素，如土霉素、金霉素、四环素、庆大霉素等。子宫灌注法是将药物直接灌注子宫或溶于适量生理盐水灌入子宫内。用高渗盐水配合人用氯乙定栓灌注子宫也可以取得理想的疗效。子宫冲洗法是用乳胶管或牛胚胎冲卵器等外接注射器将冲洗液注入子宫内，通过直肠把握法按摩子宫，最后再导出冲洗液。对于发情牛和子宫颈口微张的患牛，可以采用子宫冲洗法。常用的冲洗液有 3%~10% 生理盐水、0.1% 的高锰酸钾水，依据子宫体积和炎症程度确定冲洗液的量。

（2）全身疗法　出现全身症状的病牛，采取局部治疗的同时还要结合全身症状进行治疗。重症病例可以补盐、补糖静脉注射或肌内注射抗菌药，常用的抗菌药有青霉素类、氨基糖苷类、四环素、氯霉素等。全身疗法所用的药量大，费用高，药物残留增加了经济损失，一般仅在出现全身症状时使用。

（3）生物疗法　生物学疗法的基本原理是利用乳酸对微生物的抑制作用治疗子宫内膜炎。乳酸菌能将黏膜上皮的糖原分解为乳酸，抑制了其他微生物从而达到治疗子宫内膜炎的疗效。盖艳玲等利用乳酸杆菌培养液成功地治疗了牛的子宫内膜炎。

溶菌酶也是治疗子宫内膜炎的一种生物制剂，它的作用机制是通过水解作用破坏微生物的细胞壁使菌体溶解，具有抗菌抗病毒功效，而且无毒无副作用。溶菌酶对革兰阳性菌效果明显，对革兰阴性菌的作用比较弱，因此常与其他药物配合使用。李佳等将溶菌酶冻干粉和碳酸氢钠、枸橼酸钠等试剂按一定比例混合制成泡腾栓剂，灌注子宫，取得了良好的效果。生物学疗法避免使用抗生素副作用，提高了畜产品安全性。

（4）中医疗法　中药不产生耐药性，无药物残留，不影响奶品质，近年来专家和学者在中药治疗牛子宫内膜炎方面做了很多探索。中草药品种繁多，针对肉牛子宫内膜炎的症状，中药方剂的筛选主要以活血化瘀、改善微循环为原则，辅以去腐生肌、促进炎症过程中肉芽组织增生的药物，再加上清热解毒、抗菌消炎药物对症治疗，取得了一定的疗效。敖元树等选用醋香附、醋玄胡、黄芩、连翘等中药，胡永彪等选用益母草、当归等煎汤口服，疗效显著。王秀丽等用当归、川芎、蒲公英中药煎剂灌注子宫治疗 256 头患牛，治愈率达 97.5%。何海健等用宫炎消栓（主要成分益母草、红花等）和依沙吖啶土霉素溶液分组治疗 90 头患牛，都取得了良好的疗效。将中药制成丸剂，子宫投药操作简便，淫羊藿、黄檗和硼砂等药制成复方制剂治疗子宫内膜炎取得了可靠疗效。赵树臣采用蒲公英、连翘等有抑菌作用的中药，加上活血化瘀、祛腐生肌和提高免疫力的中草药，煎液灌注子宫，也取得了很好的疗效。重症患牛中西药结合，取得了很好的疗效。

6）牛子宫内膜炎的预防

（1）严格操作规程　人工授精或难产助产时，严格按照操作规则，使用器械及操作人员手臂严格消毒。孕检、人工授精、难产助产时，操作不能粗暴，防止损伤子宫颈及子宫组织。分娩或流产后数天之内，给予合适的药物及早治疗，防止炎症扩散，避免急性子宫内膜炎转变为慢性炎症影响生育机能。

（2）加强饲养管理　引起子宫内膜炎的病原微生物多为条件致病菌，普遍存在于奶牛的生活环境中，因此平时的饲养管理中应及时清除粪便，注意圈舍消毒，特别注意产房、产床消毒和产后母牛外阴部消毒。围产期奶牛注意营养均衡，减少难产的发生率。产后虚弱的奶牛及时补糖、补盐，提高母牛抵抗力。夏季气温高适合病原微生物繁殖，因此应该控制产犊季节，避免 6～9 月高温季节分娩。

2. 子宫内翻及脱出　子宫内翻指子宫角前端翻入子宫或阴道内；子宫脱出指子宫角、子宫体、阴道、子宫颈全部翻出于阴门外。两者是同一病理过程，只是程度不同。

以年老与经产牛为多，常发生在分娩后数小时内，分娩12小时以后极为少见。

1）病因

■☞胎次过多或者年龄过大，或者胎儿过大，羊水过多，双胎等引起子宫过度扩张，子宫括约肌悬韧带松弛，子宫弹性不足，胎儿产出后，腹压过大，子宫容易脱出。

■☞饲料营养成分单一，饲料质量较差，造成母牛体质较弱，血钙水平较低微量元素缺乏。

■☞运动不足，造成孕牛体质弱，全身张力下降。

■☞助产不规范，粗暴助产也容易造成子宫脱出。

■☞产程过长、死胎，造成子宫液体流失，产道过干，也容易造成子宫脱出。

2）症状　子宫角内翻程度较轻，牛常不表现临床症状，在子宫复旧过程中可自行复原。如子宫角通过子宫颈进入阴道，患牛常表现不安，经常努责，尾根举起，食欲及反刍减少，徒手检查阴道时会触摸到柔软圆形瘤状物，直肠检查，可摸到肿大的子宫角呈套叠状，子宫阔韧带紧张。如子宫脱出，可见到阴门外长椭圆形袋状物，往往下垂到跗关节上方，其末端有时分2支，有大小2个凹陷，脱出的子宫表现有鲜红色乃至紫红色的散在的母体胎盘，时间较久，脱出的子宫易发生瘀血和血肿，黏膜受损伤和感染时，可继发大出血和败血症。

3）诊断　根据病发时间和临床症状，即可确诊。

4）治疗　子宫脱出必须施行整复手术，将脱出的子宫送入腹腔，使子宫复位。

（1）整复前的准备工作

①人员准备：术者1人，助手3～4人。

②药品准备：备好新洁尔灭、5%碘酊、2%奴佛卡因、明矾、高锰酸钾、磺胺粉、抗生素等。

③器械准备：备好脸盆、毛巾、为托起子宫用的瓷盘、缝针、缝线、注射器与针头等。

（2）整复步骤

①麻醉：为防止和减弱病畜努责，用2%普鲁卡因10～15毫升做尾椎封闭。

②冲洗子宫：用0.1%新洁尔灭清洗患畜后躯，用温的0.1%高锰酸钾溶液彻底冲洗子宫黏膜。胎衣未脱落者，应先剥离胎衣。为了促使子宫黏膜收缩，可再用

2% ~ 3% 明矾水溶液冲洗。

③复位：用消毒瓷盘将子宫托起，与阴门同高，不可过高或过低。术者将子宫由子宫角顶端开始慢慢向盆腔内推送。推送前应仔细检查脱出的子宫有无损伤、穿孔或出血。损伤不严重时，可涂 5% 碘酊；损伤程度较大、出血严重或子宫穿孔时，应先缝合。术者应用拳头或手掌部推送子宫，决不可用手指推送。

将子宫送回腹腔后，为使子宫壁平整，术者应将手尽量伸到子宫内，以掌部轻轻按压子宫壁或轻轻晃动子宫。

为防止子宫感染，可用土霉素 2 克或金霉素 1 克，溶于 250 毫升蒸馏水中，灌入子宫。也可向子宫灌入 3 000 ~ 5 000 毫升刺激性较小的消毒液，利用液体的重力使子宫复位。为防止患牛努责或卧地后腹压增大使复位的子宫再度脱出，可缝合阴门，常采用结节缝合法，缝合 3 ~ 5 针（上部密缝，下部可稀），以不妨碍排尿为宜。对治疗后的患牛应随时观察，如无异常，可于 3 ~ 4 天后拆除缝线。同时配合全身治疗，防止全身感染。

子宫内翻，早期发现并加以整复，预后良好；子宫脱出常会因并发子宫内膜炎而影响受孕能力。子宫脱出时间较久，无法送回或损伤及坏死严重，整复后有可能引起全身感染的牛可施行子宫切除术，同时要强心补液，消炎止痛，防止全身感染，提高抵抗力。

5）预防

（1）加强饲养管理　保证矿物质及维生素的供应。妊娠牛每天应有 1 ~ 1.5 小时的运动，以增强身体张力。

（2）做好助产工作　产道干燥时，应灌入滑润剂。牵引胎儿时不应用力过猛，拉出胎儿时速度不宜过快。

产畜分娩及分娩后，应单圈饲养，有专人看护，以便及时发现病情，尽早处理。

3. 胎衣不下　胎衣不下又叫胎衣停滞，指母牛产出胎犊后，胎衣不能在正常时间内脱落排出而滞留于子宫内。胎衣脱落时间超过 12 小时，存在于子宫内的胎衣会自溶，遇到微生物还会腐败，尤其是夏季，滞留物会刺激子宫内膜发炎。产后胎衣一般在 12 小时内全部排出，超过 12 小时内未排出胎衣，就可认为是胎衣不下。正常生产的牛胎衣不下主要有以下几种原因：

对胎衣不下的牛应给予促进子宫收缩及消炎药，尽量避免剥离。如处理不当往往会继发子宫内膜炎，是造成奶牛不孕的主要原因。

1）**病因** 胎衣不下主要与产后子宫收缩无力、怀孕期间胎盘发生炎症及牛的胎盘构造有关。

2）**症状** 根据胎衣在子宫内滞留的多少，将胎衣不下分为全部胎衣不下和部分胎衣不下。

（1）全部胎衣不下 指整个胎衣滞留于子宫内。多因子宫堕垂于腹腔或胎盘端脐带断端过短所致。外观仅见少量胎膜悬垂于阴门外，或看不见胎衣。一般患牛无任何表现，有些头胎母牛有不安、举尾、拱腰和轻微努责症状。

滞留于子宫内的胎衣，只有在检查胎衣，或经 1 ~ 2 天后，由阴道内排出腐败的、呈污红色、熟肉样的胎衣块和恶臭液体时才被发现。这时由于腐败分解产物的刺激和被吸收，病牛会发生子宫内膜炎，表现出全身症状，如体温升高，拱背努责，精神不振，食欲与反刍稍减，胃肠机能扰乱。

（2）部分胎衣不下 指大部分胎衣排出或垂附于阴门外，只有少部分与子宫粘连。垂附于阴门外的胎衣，初为粉红色，后由于受外界的污染，上粘有粪末、草屑、泥土等。夏季易发生腐败，色呈熟肉样，有腐臭味，阴道内排出褐色、稀薄、腐臭的分泌物。

通常，胎衣滞留时间不长，对牛全身影响不大，食欲、精神、体温都正常。胎衣滞留时间较长时，由于胎衣腐败、恶露潴留、细菌滋生，毒素被吸收，病牛出现体温升高，精神沉郁，食欲下降或废绝。

3）**诊断** 根据临床症状（胎衣不下），予以确诊。个别牛有吃胎衣的现象，也有胎衣脱落不全者，在牛分娩后要注意观察胎衣的脱落情况及完整性，发现问题应尽早做阴道检查，以免贻误治疗时机。

4）**治疗** 治疗原则是增加子宫的收缩力，促使子母胎盘分离，预防胎衣腐败和子宫感染。

（1）药物治疗

①促进子宫收缩：一次肌内注射垂体后叶素 100 国际单位，或麦角新碱 20 毫克，2 小时后重复用药。促进子宫收缩的药物使用必须早，产后 8 ~ 12 小时效果最好，超过 24 小时，必须在补注类雌激素（己烯雌酚 10 ~ 30 毫克）后半小时至 1 小时使用。灌服无病牛的羊水 3 000 毫升，或静脉注射 10% 氯化钠 300 毫升，也可促进子宫收缩。

②预防胎衣腐败及子宫感染：将土霉素 2 克或金霉素 1 克，溶于 250 毫升蒸馏

水中，灌入子宫，或将土霉素等干撒于子宫角，隔天 1 次，经 2 ～ 3 次，胎衣会自行分离脱落，效果良好。药液也可一直灌用至子宫阴道分泌物清亮为止。如果子宫颈口已缩小，可先注射己烯雌酚 10 ～ 30 毫克，隔日 1 次，以开放宫颈口，增强子宫血液循环，提高子宫抵抗力。

③促进胎儿与母体胎盘分离：向子宫内一次性灌入 10% 灭菌高渗盐水 1 000 毫升，其作用是促使胎盘绒毛膜脱水收缩，从子宫中脱落，高渗盐水还具有刺激子宫收缩的作用。

④中药治疗：用 75% 乙醇将车前子（250 ～ 330 克）拌湿，搅匀后用火烤黄，放凉碾成粉面，加水灌服。应用中药补气养血，增加子宫活力：党参 60 克、黄芪 45 克、当归 90 克、川芎 25 克、桃仁 30 克、红花 25 克、炮姜 20 克、甘草 15 克，黄酒 150 克作引。体温高者加黄芩、连翘、金银花，腹胀者加莱菔子，混合粉碎，开水冲浇，连渣服用。

（2）手术治疗　即胎衣剥离，目前治疗胎衣不下多采用胎衣剥离并布散抗生素的方法。施行剥离手术的原则是胎衣易剥离的牛，则坚持剥离，否则，不可强行剥离，以免损伤母体子叶，引起感染。剥离后可隔天布撒金霉素或土霉素。同时配合中药治疗效果更好：黄芪 30 克、党参 30 克、生蒲黄 30 克、五灵脂 30 克、当归 60 克、川芎 30 克、益母草 30 克，腹痛、瘀血者加醋香附 25 克、泽兰叶 15 克、生牛膝 30 克，混合粉碎，开水冲服。

5）预防　为促进机体健康，增强全身张力，应适当增加并保证孕牛的运动时间；孕牛日粮中应含有足够的矿物质和维生素，特别是钙和维生素 A、维生素 D，尤其是饲养场中胎衣不下发生率占分娩母牛的 10% 以上时，便应着重从饲养管理的角度解决问题。

加强防疫与消毒，助产时应严格消毒，防止产道损伤和污染。凡由布鲁氏菌等所引起流产的母牛，应与健康牛群隔离，胎衣应集中处理。对流产和胎衣不下高发的牛场，应从疾病的角度考虑和解决问题，必要时进行细菌学检查。

老年牛和高产的乳肉兼用牛临产前和分娩后，应补糖补钙（20% 葡萄糖酸钙、25% 葡萄糖各 500 毫升），产后立即肌内注射垂体后叶素 100 单位或分娩后让母牛舔干犊牛身上的羊水。在胎衣不下多发的牛场，牛产后及时饮用温热益母草水。

产后应喂给温热麸皮食盐水 15 ～ 25 千克，产后使犊牛尽早吸吮乳汁对促使胎衣脱落有益。

4. 流产 流产是由于胎儿或母体的生理过程发生紊乱，或它们之间的正常关系受到破坏，使妊娠中止，导致母体排出胎儿的过程。流产可发生在妊娠的各个阶段，以妊娠早期较为多见。流产所造成的损失是严重的，不仅使胎儿夭折或发育受到影响，而且还会危害母牛的健康，并引起生殖器官疾病而导致不育。

1）**病因** 流产的原因很多，概括起来有3类，即普通流产、传染性流产和寄生虫性流产。每类流产又可分为自发性流产和症状性流产。自发性流产是胎儿与胎盘发生反常或直接受到影响而发生的流产，症状性流产即流产是孕牛患某些疾病的症状或饲养管理不当的表现。

（1）普通流产 普通流产的原因很多，也很复杂。

①自发性流产。亲本染色体异常引起胎儿死亡或畸形；胎膜及胎盘发生异常，如胎膜及胎盘无绒毛或绒毛发育不全，子宫的部分黏膜发炎变性，阻碍了绒毛与黏膜的联系，使胎儿与母体间的物质交换受到限制，胎儿不能发育；卵子或精子的缺陷导致胚胎发育停滞。

②症状性流产。母牛的普通疾病及生殖激素分泌反常，饲养管理不当等，如子宫内膜炎、阴道炎、黄体酮与雌激素分泌紊乱、瘤胃臌气、瘤胃弛缓及真胃阻塞、贫血、草料严重不足、维生素缺乏、矿物质不足、饲料品质不良（霜冻、冰冻、霉变、有毒饲料）、饲喂方法不当、机械损伤（碰伤、踢伤、抵伤、跌倒）等。

（2）传染性流产 一些传染病所引起的流产。

①自发性流产。直接危害胎盘及胎儿的病原体有布鲁氏菌、沙门菌、支原体、衣原体、胎儿弧菌、病毒性腹泻病毒、结核杆菌等。这些病原引起的疾病均可导致自发性流产。

②症状性流产。引起症状性流产的传染病有传染性鼻气管炎、钩端螺旋体病、李氏杆菌病等，虽然这些病的病原不直接危害胎盘及胎儿，但可以引起母牛的全身性变化而导致胎儿死亡，发生流产。

（3）寄生虫性流产

①自发性流产。生殖道黏膜、胎盘及胎儿直接受到寄生虫的侵害，如毛滴虫病、弓形体病等。

②症状性流产。如牛焦虫病、环形泰勒虫病、边虫病、血吸虫病等，这些寄生虫可引起母牛严重贫血，全身健康受损，胎儿死亡。

2）**症状与诊断** 由于流产在妊娠过程中发生的时间、原因及母牛反应不同，流产的病理过程及所引发的胎儿变化，母牛的临床症状也不同。

（1）隐性流产（即胚胎被吸收） 流产发生在妊娠初期，囊胚附植前后。胚胎死亡后组织液化，被母体吸收或在母牛发情时排出，母牛不表现任何症状。

（2）排出不足月的活胎儿，也称早产 这类流产的预兆及过程与分娩相似，只是不像分娩那样明显，乳房没有渐进性胀大，而是在产前2～3天突然肿胀，阴唇稍有肿胀，阴门有清亮黏液排出，助产方式也同分娩，对胎儿应精心护理，注意保暖。

排出死亡但未经变化的胎儿，也称小产，是流产中最常见的一种。妊娠早期，胎儿及胎膜很小，排出时不易被发现，妊娠前半期的流产，事前常无预兆，妊娠末期流产的预兆与早产相同，只是在胎儿排出前做直肠检查时发现胎儿已无心跳和胎动，妊娠脉搏变弱。

（3）延期流产（死胎停滞） 胎儿死亡后，如果阵缩微弱，子宫颈管不开或开放不全，死胎长期滞留于子宫内并发生一系列变化，如干尸化或浸溶等。胎儿干尸化和浸溶的区别在于黄体萎缩与否，子宫颈管开放与否、开放的程度及有无微生物的侵入。妊娠中断后，黄体不萎缩，子宫颈不开放，子宫没有微生物侵入，胎儿组织水分和胎水被吸收，胎儿形成棕黑色干尸样，即胎儿干尸化。只要胎儿顺利排出，预后良好。妊娠中断后，黄体萎缩，子宫颈开放，微生物入侵子宫，胎儿软组织发生气肿和分解液化，即胎儿浸溶。发生胎儿浸溶时，伴发子宫炎、子宫内膜炎，有可能进一步发展为败血症和腹膜炎及脓毒血症，不但预后不良，而且危及母牛的生命。

流产发生时，如果胎儿小，子宫没有细菌等病原体感染，母体全身及生殖器官变化不大，预后良好。

3）治疗 应该综合分析流产的类型，确认妊娠是否能继续维持及发生流产后母牛的体况，在此基础上确定治疗原则。

（1）先兆流产 子宫颈口紧闭，子宫颈塞没有溶解，胎儿依然存活，治疗原则是保胎，肌内注射黄体酮50～100毫升，每日1次，连用4天，同时给以镇静剂，如溴剂、氯丙嗪等。

（2）先兆流产的继续发展 子宫颈塞溶解，子宫颈口开放，随道分泌物增多，胎囊已进入阴道或已破，流产在所难免，应采取措施开放子宫颈，刺激子宫收缩，尽快排出胎儿，必要时在胎儿排出后向子宫内放置抗生素。

（3）延期流产 无论是胎儿干尸化还是胎儿浸溶都应该设法尽快地排出胎儿，

清理子宫，宫内放置抗生素，有全身反应的牛应进行全身治疗，以消炎解毒。

4）预防 如果牛场有流产发生，特别是经常性成批发生，应认真观察胎膜、胎儿及母牛的变化，必要时送实验室检查，做出确切诊断，对母牛及所有成年牛进行详尽地调查分析，采取有效措施，防止再次发生。

5. 乳腺炎

1）病因

（1）病原微生物感染 细菌感染是引起乳腺炎的主要原因。引起乳腺炎的病原微生物有无乳链球菌、乳腺炎链球菌、停乳链球菌、葡萄球菌、化脓性棒状杆菌、肠道菌属、枯草杆菌、甲链球菌、四链球菌、绿脓杆菌、变形杆菌、结核分枝杆菌、布鲁氏菌、支原体、巴氏杆菌、产气菌属、霉菌、病毒等。病原微生物的感染有两种途径：一种是血源性的，指细菌经血液转移而引起，如患结核病、布鲁氏菌病、流行热、胎衣不下、子宫内膜炎、创伤性心包炎时，乳腺炎为这些病的继发性症状；另一种是外源性的，因乳房或乳头有外伤，牛场内环境卫生差，挤奶用具消毒不严，洗乳房的水不清洁，病原由外界进入伤口及乳头上行感染而引起。

（2）理化原因 机械挤奶的牛场，乳腺炎发病率较高。其原因有：挤奶机机械抽力过大，引起乳头裂伤、出血；电压不稳，抽力忽大忽小；频率不定，有时过快或过慢；空挤时间过长或经常性空挤；乳杯大小不合适，内壁弹性低，机器配套不全等；机器用完未及时清刷，或刷洗不彻底，细菌滋生。

手工挤奶时，没有严格地按操作规程挤奶，如挤奶员的手法不对，或将乳头拉得过长，或过度压迫乳头管等可引起乳头黏膜的损伤导致乳腺炎。

另外，突然更换挤奶员、改变挤奶方式、日粮配合不平衡或干乳方法不正确都可诱发乳腺炎。

2）症状 乳腺炎根据乳汁的变化和有无临床症状分为隐性乳腺炎和临床型乳腺炎。

（1）隐性乳腺炎 病原体侵入乳房，未引起临床症状，肉眼观察乳房、乳汁无异常，但乳汁在生化及细菌学上已发生变化。

（2）临床型乳腺炎 肉眼可见乳房、乳汁均已发生异常。根据其变化与全身反应程度不同，可分为以下几种。

①轻症。乳汁稀薄，呈灰白色，最初几把乳常有絮状物。乳房肿胀，疼痛不明显，产乳量变化不大。食欲、体温正常。停乳时，可见乳汁呈黄白色、黏稠状。

②重症。患区乳房肿胀、发红、发热、质硬、疼痛明显，乳汁呈淡黄色，产乳量下降，仅为正常 1/3 ～ 1/2，有的仅有几把乳。体温升高，食欲废绝，乳上淋巴结肿大（如核桃大），健康乳区的产奶量也显著下降。

③恶性。发病急，患区无乳，患区和整个乳房肿胀，坚硬如石，皮肤发紫，龟裂，疼痛极明显。泌乳停止，患区仅能挤出 1 ～ 2 把黄水或血水。病畜不愿行走，食欲废绝，体温高达 41.5℃ 以上，呈稽留热型，持续数日不退。心跳增速（100 ～ 150 次 / 分），病初期粪干，后呈黑绿色粪汤。消瘦明显。

3）**诊断**　隐性乳腺炎只有在实验室检测时才可被发现，临床型乳腺炎可根据乳房的变化及乳汁的颜色、性质及全身反应确诊。

4）**治疗**　治疗原则是消灭病原微生物，控制炎症的发展，改善牛的全身状况，防止败血症发生。发病率较高的牛场需查明病原体种类，应用针对性强的药物和方法，效果更好。

（1）局部治疗

①患区外敷。可选用的药物有 10% 乙醇鱼石脂、10% 鱼石脂软膏、安得列斯糊剂，将药物涂布患区。

②抗生素治疗。在查明病原体时应用敏感药物，在未查明病原体时可用青霉素 80 万单位、链霉素 50 万 ～ 100 万单位、蒸馏水 50 ～ 100 毫升混合均匀，1 次经乳头注乳池内，每天 2 次，或用 2.5% 恩诺沙星 10 毫升注入乳池，1 日 2 次，连用 5 天。

③乳房基部封闭。在乳房基底部与腹壁之间，分 3 ～ 4 点进针 8 ～ 10 厘米，注射 0.25% ～ 0.5% 普鲁卡因（内加青霉素 80 万单位）100 ～ 250 毫升。

（2）全身治疗　青霉素 200 万 ～ 250 万单位，1 次肌内注射，每天 2 次。或按每 10 千克体重 1 毫升注射 2.5% 恩诺沙星，每日 2 次，连用 5 天。另外，可选择的药物还有先锋霉素、头孢类、红霉素等。

根据病情，可静脉注射葡萄糖、碳酸氢钠、安钠咖，以解毒强心。

（3）中药治疗

①局部热敷。当归、蒲公英、紫花地丁、连翘、大黄、鱼腥草、荆芥、川芎、薄荷、大盐、红花、苍术、通草、木通、甘草、穿山甲、大茴香，各 50 克，加水适量，加醋 1 000 毫升，煎汤至 800 毫升。1 剂煎 6 次，每次温敷 30 ～ 40 分。

②内服药物。金银花 80 克、蒲公英 90 克、连翘 60 克、紫花地丁 80 克、陈皮 40 克、青皮 40 克、生甘草 30 克，加白酒适量，水煎去渣，取汁内服，每天 1 剂。重病牛

每天服 1 剂。

5）预防

（1）严格执行挤奶消毒措施，以防止病原体感染

①挤奶前用 50 ~ 56℃ 的净水清洗乳房及乳头，或用 1：4 000 漂白粉液、0.1% 新洁尔灭液，0.1% 高锰酸钾液清洗乳房。

②挤奶后用 3% 次氯酸钠液，或 3% 氯已定液，或 70% 乙醇浸泡乳头。

③每次挤完奶后应彻底清洗消毒挤奶机。

④患牛的奶应集中处理，不可乱倒。

⑤挤奶的顺序是先挤健康牛，再挤病牛。

（2）严格执行挤奶操作规程

①手工挤奶应采取拳握式，乳头过短的牛可用滑下法。挤奶时用力均匀，应按慢—快—慢的原则。

②机器挤奶时，应在洗好乳房后及时装上乳杯，挤净奶后应及时正确取下乳杯，以防空挤。

（3）加强对干乳期乳腺炎的防治　干奶期乳腺炎的防治是控制乳腺炎的有效措施，既可治疗上一个泌乳期中的隐性乳腺炎，又能降低下个泌乳期乳腺炎的发病率。

停奶时，应向乳头内注射青霉素，每个乳区用 20 万 ~ 40 万单位。或用苄星青霉素 100 万单位、链霉素 100 万单位、注射用水 6 毫升，硬脂酸铝 3 克，灭菌花生油 20 毫升，做成油乳剂，供 4 个乳区使用。

育成牛群中如有偷吸乳头恶癖的牛，应从牛群中挑出，淘汰或给带上笼头。

6. 脐炎　脐炎是新生犊牛脐血管及其周围组织的炎症，为犊牛常发病。正常情况下，犊牛脐带残段在产后 7 ~ 14 天干燥、坏死、脱落，脐孔由结缔组织形成瘢痕和上皮而封闭。

1）病因　牛的脐血管与脐孔周围组织联系不紧，当脐带断后，残段血管极易回缩而被羊膜包住，脐带断端在未干燥脱落以前又是细菌侵入的门户和繁殖的良好环境。接产时，脐带不消毒或消毒不严，或犊牛互相吸吮，尿液浸渍，脐带都会感染细菌而发炎。

饲养管理不当，外界环境不良，如运动场潮湿、泥泞，褥草没有及时更换，卫生条件较差等，致使脐带受感染。

2）症状　根据炎症的性质及侵害部位，脐炎可分为脐血管炎和坏疽性脐炎。

（1）脐血管炎　初期常不被注意，仅见犊牛消化不良，下痢，随病程的延长，病犊拱腰，不愿行走。脐带与脐孔周围组织充血肿胀，触诊质地坚硬、热，患犊有疼痛反应。脐带断端湿润，用手指挤压可挤出污秽脓汁，具有臭味。用两手指长捏脐孔并捻动触摸时，可触到小指粗的硬固索状物，病牛犊表现疼痛。

（2）坏疽性脐炎　又名脐带坏疽，脐带残段湿润、肿胀，呈污红色，带有恶臭味，炎症可波及周围组织，引起蜂窝组织炎脓肿。有时化脓菌及其毒素还沿血管侵入肝、肺、肾等内脏器官，引发败血症、脓毒败血症，病牛出现全身症状，如精神沉郁，食欲减退，体温升高，呼吸脉搏加快。

3）治疗　治疗原则是消除炎症，防止炎症的蔓延和机体中毒。

（1）局部治疗　病初期，可用 1%～2% 高锰酸钾清洗脐部，并用 10% 碘酊涂擦。患部可用 60 万～80 万单位青霉素，分点注射。脐孔处形成瘘孔或坏疽时应用外科手术清除坏死组织，并涂以碘仿醚（碘仿 1 份，乙醚 10 份），也可用硝酸银、硫酸铜、高锰酸钾粉腐蚀。如腹部有脓肿，可切开，排除脓汁，再用 3% 过氧化氢冲洗，内撒布碘仿磺胺粉。

（2）全身治疗　为防止感染扩散，可肌内注射抗生素，一般常用青霉素 60 万～80 万单位，1 次肌内注射，每天 2 次，连用 3～5 天。

如有消化不良症状，可内服磺胺嘧啶、苏打粉各 6 克，酵母片或健胃片 5～10 片，每天 2 次，连服 3 日。

（四）常见不孕症

1. 卵巢静止　卵巢静止是卵巢机能受到扰乱后处于静止状态。母牛表现不发情，直肠检查，虽然卵巢大小、质地正常，表面光滑，却无卵泡发育，也无黄体存在。或有残留陈旧黄体痕迹，大小如蚕豆，较软，有些卵巢质地较硬，略小，相隔 7～10 天，甚至 1 个发情周期再做直肠检查，卵巢仍无变化。子宫收缩乏力，体积缩小，外部表现和持久黄体的母牛极为相似，有些患牛消瘦，被毛粗糙无光。

1）治疗　治疗的原则是恢复卵巢功能。

（1）按摩　隔天按摩卵巢、子宫颈、子宫体 1 次，每次 10 分，4～5 次 1 个疗程，结合注射己烯雌酚 20 毫克。

（2）药物治疗

①肌内注射促卵泡素 100 ~ 200 单位，出现发情和发育卵泡时，再肌内注射促黄体素 100 ~ 200 单位。以上两种药物都用 5 ~ 10 毫升生理盐水溶解后使用。

②肌内注射孕马血清 1 000 ~ 2 000 单位，隔天 1 次，2 次为 1 个疗程。

③隔天注射己烯雌酚 10 ~ 20 毫克，3 次为 1 个疗程，隔 7 天不发情再进行 1 个疗程。当出现第一次发情时，卵巢上一般没有卵泡发育，不应配种，第一次自然发情时，应适时配种。

④用黄体酮连续肌内注射 3 天，每次 20 毫克，再注射促性腺激素，可使母牛出现发情。

⑤肌内注射促黄体释放激素类似物（LRH-A₃）400 ~ 600 单位，隔天 1 次，连续 2 ~ 3 次。

2. 持久黄体　发情周期黄体或妊娠黄体超过正常时间（20 ~ 30 天）不消退，称为持久黄体或黄体滞留。前者为发情周期持久黄体，后者为妊娠持久黄体，两者与妊娠黄体在组织结构和对机体的生理作用方面没有区别，都能分泌黄体酮，抑制卵泡发育，使母牛发情周期停止循环，引起不育。

1）**病因**　饲养管理失调，饲料营养不平衡，缺乏矿物质和维生素，缺少运动和光照；营养和消耗不平衡；气候寒冷且饲料不足；子宫疾病（如子宫炎、子宫积水、子宫积脓、死胎，部分胎衣滞留等）都会使黄体不能及时消退，妊娠黄体滞留，造成子宫收缩乏力和恶露滞留，进一步引起子宫复旧不全和子宫内膜炎的发生。

2）**症状**　发情周期停止循环，母牛不发情，营养状况、毛色、泌乳等都无明显异常。直肠检查：一侧（有时为两侧）卵巢增大，表面有突出的黄体，有大有小，质地较硬，同侧或对侧卵巢上存在 1 个或数个绿豆或豌豆大小的卵泡，均处于静止或萎缩状态，间隔 5 ~ 7 天再次检查时，在同一卵巢的同一部位会触到同样的黄体、卵泡，两次直肠检查无变化，子宫多数位于骨盆腔和腹腔交界处，基本没有变化，有时子宫松软下垂，稍粗大，触诊无收缩反应。

3）**诊断**　根据临床症状和直肠检查即可确诊，但要做好鉴别诊断。持久黄体与妊娠黄体的区别：妊娠黄体较饱满，质地较软，有些妊娠黄体似成熟卵泡，而持久黄体不饱满，质硬，经过 2 ~ 3 周再做直肠检查，黄体无变化。妊娠时子宫是渐进性的变化，而持久黄体的子宫无变化。

4）**防治**　持久黄体的医治应首先从改善饲料、管理及利用方面着手。目前前列腺素（PGF$_{2\alpha}$）及其类似物是有效的黄体溶解剂。

前列腺素（PGF$_{2\alpha}$）4毫克，肌内注射，或加入10毫升灭菌注射用水后注入持久黄体侧子宫角，效果显著。用药后1周内可出现发情，配种并能受孕，用药后超过1周发情的母牛，受胎率很低。个别母牛虽在用药后不出现发情表现，但经直肠检查，可发现有发育卵泡，按摩时有黏液流出，呈暗发情，如果配种也可能受胎。

氯前列烯醇，一次肌内注射0.24～0.48毫克，隔7～10天做直肠检查，如无效果可再注射1次。此外，以下药物也可以用于医治持久黄体。

（1）促卵泡激素（FSH）100～200单位，溶于5～10毫升生理盐水中肌内注射，经7～10天直肠检查，如黄体仍不消失，可再肌内注射1次，待黄体消失后，可注射小剂量人绒毛膜促性腺激素（HCG），促使卵泡成熟和排卵。

（2）注射促黄体释放激素类似物（LRH-A$_3$）肌内注射400单位，隔日再肌内注射1次，隔10天做直肠检查，如仍有持久黄体可再进行1个疗程。

（3）孕马血清 皮下或肌内注射1 000～2 000单位孕马血清，作用同FSH。

（4）黄体酮和雌激素配合应用 注射黄体酮3次，1天1次，每次100毫克，第二及第三次注射时，同时注射己烯雌酚10～20毫克或促卵泡素100单位。

3. 安静发情

1）症状 牛发情时没有明显的发情表现，发情时不追爬其他母牛，没有兴奋不安的行为，发情表现微弱，如果不注意观察，很难发现这类母牛的发情。安静发情是一种常见的繁殖疾病，常常因为不能及时准确判断发情而错过最佳的配种时机，影响母牛的受配率，增加了饲养成本。

2）病因 生殖激素分泌不平衡，雌激素和黄体酮比例不当；饲料营养不均衡，能量、蛋白质、维生素或微量元素等缺乏或比例不当，母牛膘情差；管理不到位，母牛缺乏光照，运动量不足。

3）治疗 加强饲养管理，注意观察发情症状；通过直肠检查卵泡发育情况，有优势卵泡发育成熟，是输精的理想时机。如果卵泡处于中期，可以肌内注射促排药物，如促排3号25微克或人绒毛膜促性腺激素2 000单位，过6~8小时直肠检查看是否排卵，如果没有排卵，可以再次跟踪输精。

4. 卵泡萎缩及交替发育 卵泡萎缩及交替发育都是卵泡不能正常发育、成熟到排卵的卵巢机能不全。

1）病因　本病主要是受气候与温度的影响，长期处于寒冷地区，饲料单纯，营养成分不足导致本病发生；运动不够也能引起本病。

2）症状及诊断

（1）卵泡萎缩　在发情开始时，卵泡的大小及外表发情表现与正常发情一样，但卵泡发育缓慢，中途停止发育，保持原状 3～5 天，以后逐渐缩小，波动及紧张度也逐渐减弱，外部发情症状逐渐消失，发生萎缩的卵泡可能是 1 个或 2 个以上，也可发生在一侧或两侧。因为没有排卵，卵巢上也没有黄体形成。

（2）卵泡交替发育　一侧卵巢原来正在发育的卵泡停止发育并开始逐渐萎缩，而在对侧或同侧卵巢上又有数目不等的卵泡出现并发育，但发育不到成熟又开始萎缩，此起彼落，交替不已。其最后结果是其中 1 个卵泡发育成熟并排卵，暂无新的卵泡发育。卵泡交替发育的外在发情表现随卵泡发育的变化而有时旺盛，有时微弱，呈断续或持续发情，发情期拖延 2～5 天，有时长达 9 天，但一旦排卵，1～2 天即停止发情。

卵泡萎缩和交替发育需要多次直肠检查，并结合外部发情表现才能确诊。

3）治疗

（1）促卵泡激素（FSH）　肌内注射 100～200 单位，每天或隔天 1 次，具有促进卵泡发育、成熟、排卵作用。人绒毛膜促性腺激素（HCG）对卵巢上已有的卵泡具有促进成熟、排卵并生成黄体的作用，与促卵泡激素结合使用效果更佳，肌内注射 5 000 单位，静脉只需 3 500 单位。

（2）孕马血清　肌内注射 1 000～2 000 单位，作用同 FSH。

（3）加强饲养管理　增加放牧和运动时间，提供均衡合理的饲料，改善卫生环境，加强通风换气。

5. 卵巢萎缩　卵巢萎缩是卵巢体积缩小，机能减退，有时发生一侧卵巢，也有同时发生在两侧卵巢，表现为发情周期停止，呈长期不发情。卵巢萎缩大都发生于体质衰弱的牛只（如发生的全身性疾病、长期饲养管理不当）和老年牛，黄体囊肿、卵泡囊肿或持久黄体的压迫及患卵巢炎同样也会造成卵巢萎缩。

1）症状　临床表现发情周期紊乱，极少出现发情和性欲，即使发情，表现也不明显，卵泡发育不成熟、不排卵，即使排卵，卵细胞也无受精能力，直肠检查，卵巢缩小，仅似大豆或豌豆大小，卵巢上无黄体和卵泡，质地坚硬，子宫缩小、弛缓、收缩微弱。间隔 1 周，经几次检查，卵巢与子宫仍无变化。

2）治疗 治病原则是年老体衰者淘汰，有全身疾病的及时治疗原发病，加强饲养管理，增加蛋白质、维生素和矿物质饲料的供给，保证足够的运动，同时配合以下不同药物治疗。

（1）促性腺释放激素类似物（LRH-A$_3$） 肌内注射1 000单位，隔天1次，连用3天，接着肌内注射三合激素4毫升。

（2）人绒毛膜促性腺激素（HCG） 肌内注射10 000～20 000单位，隔天再注射1次。

（3）孕马血清 肌内注射1 000～2 000单位。

6.排卵延迟

1）病因 排卵延迟主要原因是垂体分泌促黄体激素不足，激素的作用不平衡，其次是气温过低或突变，饲养管理不当。

2）症状 卵泡发育和外表发情表现与正常发情一样，但成熟卵泡比一般正常排卵的卵泡大，所以直肠触摸与卵巢囊肿的最初阶段极为相似。

3）治疗 排卵延迟的治疗原则是改进饲养管理条件，配合药物治疗，所用药物有：

（1）促黄体素 肌内注射100～200单位，在发现发情症状时，肌内注射黄体酮50～100毫克。对于因排卵延迟而屡配不孕的牛，在发情早期可应用雌激素，晚期可注射黄体酮。

（2）促性腺释放激素类似物 肌内注射400单位，于发情中期应用。

7.卵巢囊肿 卵巢囊肿分为卵泡囊肿和黄体囊肿两种。

1）卵泡囊肿 卵泡囊肿是由于未排卵的卵泡上皮变性，卵泡壁结缔组织增生，卵细胞死亡，卵泡液不被吸收或增多而形成。卵泡囊肿占卵巢囊肿70%以上，其特征是无规律频繁发情或持续发情，甚至出现慕雄狂（图6-5）。慕雄狂是卵泡囊肿的一种症状，其特征是持续而强烈的发情行为，但不是只有卵泡囊肿才引起的，也不是卵泡囊肿都具有慕

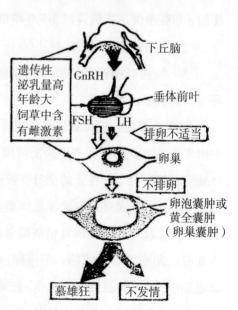

图6-5 慕雄狂和不发情示意图

雄狂的症状。卵泡囊肿有时是两侧卵巢上卵泡交替发生，当一侧卵泡挤破或促排后，过几天另一侧卵巢上卵泡又开始发生囊肿。

（1）病因　卵泡囊肿主要原因是垂体前叶所分泌的促卵泡激素过多，或促黄体激素生成不足，使排卵机制和黄体的正常发育受到了扰乱，卵泡过度增大，不能正常排卵，卵泡上皮变性形成囊肿。从饲养管理上分析，日粮中的精料比例过高，缺少维生素 A；运动和光照减少，诱发舍饲泌乳牛发生卵泡囊肿；不正确地使用激素制剂（如饲料中过度添加或注射过多雌激素），胎衣不下、子宫内膜炎及其他卵巢疾病等引起卵巢炎，使排卵受到扰乱，也可伴发卵泡囊肿，有时可能与遗传基因有关。

（2）症状　患牛发情表现反常，发情周期缩短，发情期延长，性欲旺盛，特别是慕雄狂的母牛，经常追逐或爬跨其他牛只，由于过度消耗体力，体质瘦削，毛质粗硬，食欲逐渐减少。由于骨骼脱钙和坐骨韧带松弛，尾根两侧处凹陷明显，臀部肌肉塌陷。阴唇肿胀，阴门中排出数量不等的黏液。直肠检查：卵巢上有 1 个或数个大而波动的卵泡，直径可达 2 ~ 3 厘米，大的如鸽蛋，卵泡壁略厚，连续多次检查可发现囊肿交替发生和萎缩，但不排卵，子宫角松软，收缩性差。长期得不到治疗的卵泡囊肿病牛可能并发子宫积水和子宫内膜炎（图 6-6）。

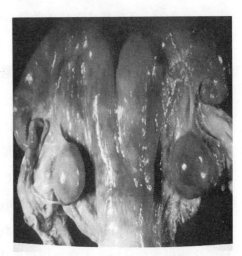

图 6-6　双侧卵泡囊肿

（3）治疗　卵泡囊肿的患牛，提倡早发现早治疗，发病 6 个月之内的患牛治愈率为 90%，1 年以上的治愈率低于 80%，继发子宫积水等的患牛治疗效果更差。一侧多个囊肿，一般都能治愈。在治疗的同时应改善饲养管理条件，否则治愈后易复发。治疗药物如下：

①促黄体素 200 单位，肌内注射。用后观察 1 周，如效果不明显，可再用 1 次。

②促性腺释放激素 0.5 ~ 1 毫克，肌内注射。治疗后，产生效果的母牛大多数在 12 ~ 23 天发情，基本上起到调整母牛发情周期的效果。

③人绒毛膜促性腺激素，静脉注射 10 000 单位或肌内注射 20 000 单位。

④对出现慕雄狂的患牛可以隔日注射黄体酮 100 毫克，2 ~ 3 次，症状即可消失；在使用以上激素效果不显著时，可肌内注射 10 ~ 20 毫克地塞米松，效果较好。

2）黄体囊肿　黄体囊肿是未排卵的卵泡壁上皮黄体化，或者是正常排卵后，由于某些原因，黄体化不足，在黄体内形成空腔，腔内聚积液体。前者称黄体化囊肿，后者称囊肿黄体，囊肿黄体与卵泡囊肿和黄体化囊肿在外形上有显著不同，它有一部分黄体组织突出于卵巢表面，囊肿黄体不一定是病理状态。黄体囊肿在卵巢囊肿中约占25%。

（1）症状　黄体囊肿的临床症状是不发情。直肠检查可以发现卵巢体积增大，多为1个囊肿，大小与卵泡囊肿差不多，但壁较厚而软，不紧张。黄体囊肿母牛血浆黄体酮浓度比一般母牛正常发情后黄体高峰期的黄体酮浓度还要高，促黄体激素浓度也比正常牛的高。

（2）治疗　参照持久黄体的治疗。

（五）常见呼吸道疾病

1.多杀性巴氏杆菌病

1）流行病学　多杀性巴氏杆菌是牛呼吸道的常在菌，革兰阴性，短杆菌。牛在健康状态时，下呼吸道通过机械性、细胞性和分泌性的防御机制阻止该细菌在下呼吸道的繁殖；当下呼吸道的这些防御机制受损时，多杀性巴氏杆菌便可成为条件致病菌，独立或者与其他致病微生物混合感染，引起呼吸道和肺脏的病变。任何年龄的牛均可发生，犊牛比成牛更易发生，症状也更明显且严重，特别是断奶犊牛。管理不佳的牛群（舍饲、通风不良或有贼风、潮湿、闷热、拥挤、长途运输、转群或新入群、初乳缺乏等）多发，且呈急性群发，发病率可达10%~50%。有的地方称该病为"地方性肺炎"，即说明在有的牛群中多杀性巴氏杆菌呈急性流行或地方性流行。多杀性巴氏杆菌既是原发性病原菌，也常继发于其他传染病。牛多杀性巴氏杆菌病的急性型常以败血症和出血性炎症为主要特征，所以过去又叫"出血性败血症"；慢性型常表现为皮下结缔组织，关节及各脏器的化脓性病灶，并多与其他疾病混合感染或继发。

2）症状　急性发病牛只表现败血型、水肿型和肺炎型3种症状。

（1）败血型　病牛体温升高至41~42℃，精神委顿、食欲不振、心跳加快，常来不及查清病因和治疗牛就死亡。

（2）水肿型　除有体温升高、不吃食、不反刍等症状外，最明显的症状是头颈、咽喉等部位发生炎性水肿，水肿还可蔓延到前胸、舌及周围组织，病牛常卧地不起，呼吸极度困难，常因此而窒息死亡。

（3）肺炎型　病牛主要表现为体温升高（39.7~40.8℃），沉郁、湿咳、呼吸频率和呼吸深度增加（呼吸困难），轻度到重度厌食，泌乳牛奶产量的下降程度与厌食程度相当。急性发病时，在两肺前腹侧可听到干啰音和湿啰音，背侧肺区一般正常，鼻漏呈浆液性或脓液性。未吃初乳的新生犊牛感染多杀性巴氏杆菌还可以引起急性败血症，症状除典型的急性肺炎症状外，还会出现脑膜炎、脓毒性关节炎和眼睛色素层炎，眼鼻分泌脓性分泌物。有些急性病例会转成慢性，慢性肺炎病例症状类似于急性病例，在两肺前腹侧可听到显示肺实变的支气管啰音。慢性肺炎病例在饲养条件改变（换气不良或有贼风、低温、闷热等）时，会出现呼吸频率加快、呼吸困难，还会继发化脓放线菌感染。

3）**病理变化**　急性死亡病例的病理剖检可见双肺尖叶、心叶腹侧区域质地坚实，呈红色或蓝色，有的病例胸膜壁层和脏层会有纤维素覆盖。慢性病例有类似的肺炎病变，同时还有支气管扩张和肺脓肿。血液血象检测，显示白细胞增多，中毒性白细胞增多，核左移。轻度病例的血象可能正常。

4）**诊断**　根据发病史、临床症状、肺部听诊可以做出初步诊断，要确诊时还需要采取气管洗液样品、咽喉拭子或尸检样品进行实验室的检测。有急性死亡病例，也可以剖检尸体，但需要兽医做好防护，并做好尸体的无害化处理。实验室的检测包括细菌培养、PCR检测。也可以采取发病第一天和第十四天的双份血清，做血清抗体滴度比较，以确诊和验证诊断结果，追溯病原体。

5）**治疗**　抗生素治疗、改善环境和加强饲养管理是最为有效的措施。

有多种抗生素可以用来治疗该病，包括氨苄青霉素、头孢噻呋、红霉素、替米考星、磺胺类药物等。要取得好的治疗效果，需要做抗菌敏感试验，选择敏感药物。药物剂量参看的治疗方案。治疗过程中要及时监护牛的体温和体况，治疗的效果以24小时和48小时体温变化和体况改变为依据，治疗有效时，体温应该每天降低0.5~1.0℃，应在48~72小时后降至正常，体况、食欲、呼吸困难的程度应该有相应的改善；效果不佳时应该更换抗生素。抗生素至少要使用3天，最好用5~7天，以彻底杀菌，确保疗效。

6）**防治**　在防治多杀性巴氏杆菌引起的牛肺炎时，改善管理和通风不良，使牛只得到新鲜空气比用药更重要，因为该致病菌是条件致病菌，诸多不利因素（如氨气等）先破坏了上呼吸道的防御机制才到达下呼吸道的。疾病发生后，一定要做到：加强空气流通、注意防寒保暖、防止贼风入侵、降低湿度、加装风扇、清除粪污、减少饲养密度、确保初乳的供应、做好运输前保健、加强转群前的驱虫和保健，消除不良因素的刺激。

作为兽医，还要注意，患畜对所经历的治疗反应速度如何，如果反应慢，在药物试验敏感的情况下，患畜感染的可能不止一种病原体，即多杀性巴氏杆菌不是唯一的病原体。

2. 溶血性巴氏杆菌病

1）流行病学　溶血性巴氏杆菌是牛呼吸道的常在菌，革兰阴性，短杆菌。以非致病性的血清型 2 型存在，但溶血性巴氏杆菌不像牛多杀性巴氏杆菌那样能经常从健康牛上呼吸道中分离出来。血清型 2 型在应激因素作用下可以转化为有致病性的 1 型，具有较强的毒性。溶血性巴氏杆菌有荚膜，可抵抗吞噬作用；能产生外毒素（白细胞毒素），可破坏或致死肺泡巨噬细胞、单核细胞、嗜中性粒细胞；来源于细菌细胞壁的内毒素脂多糖可协助激活补体和凝血过程；有炎性介质趋化因子和溶血素，比多杀性巴氏杆菌的致病性强，作为原发病原菌即可引起呼吸道疾病，是"牛运输综合征"的主要病原体之一。牛群发病率和死亡率都比多杀性巴氏杆菌高。与多杀性巴氏杆菌的致病条件一样，饲养管理不佳的牛群多发，常在应激因素存在后的 7 ~ 15 天发病。任何年龄的牛均可发生，犊牛比成牛更易发生，症状也更明显且严重，特别是断奶犊牛。

2）症状　急性症状有发热（40.0 ~ 41.7℃，有的可达 42.2℃）、沉郁、厌食、痛性湿咳、呼吸频率和呼吸深度增加（甚至呼吸困难）、流涎、流鼻液，奶产量下降。在两肺前腹侧可听到干啰音或湿啰音、支气管音，有时还可以听到胸腔摩擦音，肺实质 25%~75% 出现实变时，则听不到声音。中轻度病例背侧肺区听诊可能无异常；重度病例，由于病变区域大，背侧肺区需要代偿呼吸，活动过度，会出现肺间质水肿、大泡性肺气肿，有的还继发皮下气肿，气管听诊可听到粗粝的呼噜声或气泡声，触诊肋间，患畜表现疼痛，呻吟，张嘴呼吸（混合型困难）。

3）病理变化　急性死亡患畜的病理剖检可见双肺尖叶、心叶腹侧区域质地坚实，肉样，质脆，胸膜壁层和脏层有纤维素覆盖。胸腔积液，液体呈黄色或红黄色。肺实质实变严重的急性病例或慢性病例，肺背侧部出现大泡样肺气肿或间质性水肿，皮下气肿。急性病例全血血细胞计数，显示白细胞因为过度消耗而减少，嗜中性粒细胞减少，中毒性粒细胞增多，核左移。纤维蛋白原增加。

4）诊断 充分了解患牛是否经历过运输、换群、断乳，近期是否有天气的剧烈变化、饲养密度是否过大、厩舍是否通风不良等情况存在，根据临床症状、肺部听诊可以做出初步诊断，要确诊时还需要采取气管洗液样品、咽喉拭子或尸检样品进行实验室的检测。实验室的检测包括细菌培养、PCR 检测。也可以采取发病第一和第十四天的双份血清，做血清抗体滴度比较，以确诊和验证诊断结果，追溯病原体。

5）治疗 与多杀性巴氏杆菌病的治疗方法相同，抗生素治疗、改善环境和加强饲养管理均为有效的措施。所不同的是，溶血性巴氏杆菌具有强的抗药性，而且抗药谱广。同时，病变部位面大且坚实，脓液浓稠，药物达到病变部位受阻或者在病变部位达不到抑菌浓度，使得在体外敏感试验能抗菌的药物也起不到很好的治疗作用或作用不佳，杀菌药物的选择受限，治疗的效果不好。提醒兽医在选择药物时要选择广谱抗生素，尽量使用敏感药物，还应注意药物的剂量、投药方式和次数。

对张口呼吸、严重呼吸困难、肺水肿的病例，可以使用阿托品，以减少支气管黏液的分泌（0.05 毫克 / 千克体重，肌内注射）。

该病预后要谨慎，24~72 小时临床症状得以改善的病例预后良好。

3. 昏睡嗜血杆菌病

1）流行病学 病原为昏睡嗜血杆菌，革兰阴性，多形性小型球杆菌，在体外存活时间很短。非上呼吸道常在菌，但偶尔会在呼吸道分离到该菌。实验证明该菌是牛下呼吸道病原微生物，可以单独致病，也可以与其他呼吸道病原微生物混合感染或联合致病，能产生外毒素，可破坏或致死肺泡巨噬细胞、单核细胞、嗜中性粒细胞和血管内皮；来源于细胞壁的内毒素脂多糖可协助激活补体和凝血过程，形成血栓；存在炎性介质趋化因子和溶血素。在正常呼吸道菌群改变或有其他病原微生物存在时更容易造成下呼吸道的感染。本病主要以育肥牛发病为主。

2）症状 牛昏睡嗜血杆菌能感染牛多个部位，包括呼吸道、生殖道、脑脊髓、心脏、关节等，症状多样。因感染部位不同呈现不同病理过程，如关节肿大、阴道炎、子宫内膜炎、不孕、流产、带菌犊牛体弱或发育障碍等。牛昏睡嗜血杆菌性支气管炎与中轻度溶血性巴氏杆菌性肺炎或重中度多杀性巴氏杆菌性肺炎的症状不易区别，发热（39.7~41.4℃）、精神沉郁、食欲减退、流鼻液、偶尔流涎、痛性湿咳、呼吸频率和呼吸深度增加（40~80 次 / 分），产奶量下降。在两肺前腹侧可听到支气管音、干啰音或湿啰音。有些患牛因呼吸困难而表现焦躁不安，不愿走动，在育肥牛可以引起神经症状（跛行、蹒跚、强直或角弓反张、运动失调、肌肉震颤、感觉过敏等）和败血症。

3）**病理变化**　肺炎时肺部的变化与巴氏杆菌相似，在一些牛巴氏杆菌病病例中，昏睡嗜血杆菌病可能是主要并发病原菌，但生长较快的巴氏杆菌和抗生素治疗会掩盖生长较慢但毒力更强的昏睡嗜血杆菌。有神经症状的牛会有血栓性脑脊髓炎或脑脊髓出血性坏死，典型病例患牛脑膜出血、脑切面有出血性坏死软化灶。

4）**诊断**　由于昏睡嗜血杆菌性肺炎时肺部的变化与巴氏杆菌相似，单纯依靠症状和病理变化不能确诊，虽然血栓性脑脊髓炎病例的脑内出血性坏死灶具有诊断价值，但还是由病变组织分离细菌确诊比较准确。另外，标准的广谱抗生素治疗无效可以说明昏睡嗜血杆菌性肺炎可能性大。全血细胞计数没有特异性，白细胞表现退行性变化，核左移，纤维蛋白原水平增高。

5）**治疗**　敏感药物是氨苄青霉素（11~22 毫克 / 千克体重，肌内注射）、头孢菌素、恩诺沙星等，治疗有效应该在 24~72 小时体温降至正常范围。

6）**防治**　改善饲养管理条件，加强通风换气。

4. 支原体性肺炎

1）**流行病学**　支原体引起牛的呼吸道疾病也称传染性胸膜肺炎，病原体是丝状支原体，传播途径是处于排毒期的病牛通过飞沫把病原体传播给临近的易感牛。支原体是一些牛上呼吸道常在菌。犊牛慢性肺炎中分离到支原体的病例占 50%，而且分离到支原体肺炎的病例很少是单一病原，同时感染的病原体有溶血性巴氏杆菌、多杀性巴氏杆菌、昏睡嗜血杆菌、化脓放线菌、化脓棒状杆菌和呼吸道病毒等。支原体是一类革兰阴性、没有细胞壁、高度多形性的原核细胞型微生物，能形成丝状与分枝状。在很多牛场，支原体无处不在，几乎所有牛，包括犊牛、青年牛和成牛，都能分离到支原体，环境稳定时牛均表现正常。由于支原体能黏附在没有肺泡巨噬细胞分布的纤毛上皮上，躲避细胞吞噬作用，并能引起黏液纤毛运输机制抑制、体液和细胞介导免疫抑制，会引起牛轻度肺炎和防御机制减弱。严重时大面积暴发，发病率达 60% 以上。

2）**症状**　感染牛临床症状表现差异很大。流行的同一时间可以存在急性型、亚急性型、慢性型等不同表现的病例。感染支原体的老龄牛很少表现肺炎症状，犊牛感染常会导致关节受损。急性病例的临床症状有发热、嗜睡、食欲减退及痛咳。痛咳姿态表现为颈部向前下方伸直，四肢外展，嘴角张开，舌头伸出，鼻与口腔有不洁分泌物，孕畜可能会流产，流产胎液中含有大量支原体。支原体独立引起的犊牛肺炎症状轻微，低热（39.7～40.6℃），轻度沉郁，食欲正常，早晨有少量黏液脓性鼻涕，仅在运动时出现干咳，呼吸频率轻度增加（40～60次/分），犊牛典型的症状是纤维素性滑液囊炎引发的单侧关节肿胀（前肢腕关节多发）。混合感染时症状与所感染的其他微生物相关，症状相似，用相关药物治疗效果较差，相应的，在用敏感药物治疗肺炎时，如果治疗效果差，就要怀疑病例是否混合感染有支原体。慢性肺炎病例通常同时存在溶血性巴氏杆菌、多杀性巴氏杆菌、昏睡嗜血杆菌中的一个或多个病原。

3）**病理变化**　支原体单一病原引发的肺炎，尸体剖检时可见肺心叶和尖叶的腹侧外观膨胀不全，呈红色、灰色、蓝色实变，病变坚实，呈大理石样病变，间质水肿或有纤维素样沉积，切面有脓样液体流出，病变组织与健康组织有明显界限。纵隔淋巴结肿大、水肿，肾有梗死现象（少见）。胸腔充满大量淡黄色的炎性液体，液体中存在纤维蛋白碎片，胸膜可见局限性或弥漫性病变，呈煎蛋样。有混合感染时，肺的病理变化更为严重和多样。由于支气管周围出现淋巴样细胞增生，并随时间延长而扩大，组织病理呈现套袖样增生（套袖样肺炎）。

4）**诊断**　根据发病群体临床症状和病史可以初步诊断，确诊要依靠气管冲洗液或尸体剖检样品的微生物培养和 PCR 检测。

5）**治疗**　纯支原体感染时，有效药物有盐酸土霉素（11.0~17.6毫克/千克体重，肌内注射）、红霉素（5.5毫克/千克体重，肌内注射）、泰乐菌素。替米考星也有效。对断奶犊牛可以拌料口服治疗。

当病料样品中有支原体与溶血性巴氏杆菌、多杀性巴氏杆菌、昏睡嗜血杆菌同时被分离或检测出来时，抗菌治疗首先要针对细菌性病原，挑选药物敏感性实验能同时抗几种病原的药物。在实践中，如果使用针对细菌敏感的药物，同时，改善管理因素，无须治疗支原体，犊牛也可以恢复。

另外，合并感染的细菌性病原体还有肺炎球菌、链球菌、葡萄球菌、化脓杆菌、副伤寒杆菌、霉菌孢子等，在诊断和治疗时要加以考虑。

5. 牛传染性鼻气管炎（IBR）

1）**流行病学**　牛传染性鼻气管炎病原为Ⅰ型疱疹病毒。潜伏期3~7天。病毒会以多个型感染多个部位，包括呼吸道型（BHV-I.1，上呼吸道和气管炎）、结膜型、生殖道型（BHV-I.2，侵害生殖道后段，引起传染性脓包性外阴阴道炎、流产）、败血型（BHV-I.3，以新生犊牛脑炎和舌的局灶性斑状坏死为特征）。呼吸道型传播的主要途径为鼻腔或眼的分泌物，通过空气传染，最为常见，可以单发，也常与结膜型联合发生。流产可以出现在各个型中，迟发，在急性病例流行后数周（4~8周）出现。脑炎型常感染3月龄以下且没有获得有效抵抗该病毒的被动型抗体（初乳获取不足）的犊牛。污染牛场常只出现一个主类型。研究还发现，有些牛具有抗牛传染性鼻气管炎的遗传因素，因为这些牛具备抗I型干扰素基因。

与其他的疱疹病毒感染特点一样，被感染过的牛呈隐形感染，病毒隐匿在三叉神经节中，当有应激因素（分娩、传染性疾病、运输应激、皮质激素的使用等）存在时病毒会脱落，侵袭机体，引发疾病。自然发病或免疫接种产生的有效抗体存在时间较短（免疫性持续时间短），只有6~12个月。

2）症状　该病也称"红鼻病"，呼吸型多发生于6月龄以上的牛，临床症状表现差异较大，6月龄至2岁的青年牛发病时症状最为严重，有温和型、亚急性型、急性型和最急性型。急性型表现：高热（40.6~42.2℃），呼吸频率加快（40~80次/分），沉郁、厌食，大量浆液性鼻液，感染72小时后鼻液呈黏稠黏液脓性，痛咳，鼻镜出现坏死痂，鼻黏膜、鼻中隔黏膜、外鼻孔和鼻镜处可见白色斑块，鼻黏膜和口腔黏膜有时出现溃疡，能闻到坏死气味。听诊时可听到粗粝的气管啰音，有时这样的啰音会遍及整个肺，偶尔有支气管炎或细支气管炎发生或肺部病变。

该病呼吸型的典型特征：一是突然暴发呼吸道疾病，逐渐波及不同年龄段的牛群，因病毒毒力、感染水平和感染程度的不同，病期短则几周，长则数月；二是感染后2~3周发病率达到高峰，4~6周发病率明显下降，死亡率10%以上。急性感染期或急性发病后4~8周可能出现流产，怀孕任何月份的胎儿都会死亡，流产多数发生在怀孕中期或后3个月。结膜型与呼吸道型经常同时发生，结膜型病例有严重的结膜炎，可以是单侧，也可以是双侧，出现浆液性渗出物，2~4天后转为黏液脓性渗出物，睑结膜出现白斑，有些患牛出现角膜周边水肿，但不出现溃疡。在成牛暴发IBR期间或急性发病之后，新生犊牛偶尔出现脑炎型IBR或在舌的腹侧面出现坏死斑。

3）病理变化　I型疱疹病毒通过损伤纤毛运输机制、黏膜层和直接感染肺泡巨噬细胞，降低下呼吸道的物理和细胞防御机制，特别是出现混合感染时，会出现下呼吸道防御机能的多重损伤和免疫抑制。单发病例死亡率低，当有混合感染时，特别是并发黏膜病毒（BVDV）时，死亡率可能很高。

鼻镜出现坏死痂，睑结膜、鼻黏膜、鼻中隔黏膜、外鼻孔和鼻镜处可见白色斑块，白色斑块的组织病理为黏膜固有层淋巴细胞和浆细胞聚集。尸检时可见喉和气管内有黏液性脓性渗出物或纤维素性假膜和溃疡。

4）诊断　根据流行性、病史、发热等症状，如鼻镜出现坏死痂、鼻镜及鼻黏膜出现特异性白斑等可做出初步诊断，要确诊，即要进行实验室分离病毒，或用急性病例（发病7天之内）的黏膜病变或白斑刮取物进行PCR检测。

5）治疗　单纯IBR没有特异治疗方法，一般7~10天后逐渐恢复，但并发或继发病毒、细菌或支原体感染时急需抗生素和对症治疗，治疗方法见治疗原则。常用的抗生素有青霉素、链霉素、土霉素、氨苄青霉素、甲氧苄氨嘧啶等。另外，还有一类药对疱疹病毒有较好的杀灭作用，但毒性较大。药物无环鸟苷（阿昔洛韦）比较安全。

6）防治

☞合理的免疫接种能得到较好的防疫作用。

☞牛群采取自繁自养方式扩群。

☞只引进IBR检测阴性的牛。因为存在隐形感染，临床正常的牛可能检测不到病毒。判断牛群是否感染的唯一方法是对未免疫牛群的牛奶和血液进行抗体检测，检测单个牛只没有意义，需要对牛群进行检测，抽检多头、各年龄段、多批次样本。检测阳性说明已经感染，检测阴性不能说明没有感染，即不能排除隐形感染，只有反复多次检测多头牛，呈阴性才可以表明牛群没有感染IBR。

☞减少应激。

☞严格控制进出场的人员与车辆，加强环境消毒。

6. 牛呼吸道合胞体病毒病（BRSV）

1）流行病学　牛呼吸道合胞体病毒为副黏病毒科的肺炎病毒，是目前犊牛及成牛最重要的呼吸道病原之一，发病率高，但单独发生时死亡率低。

2）症状

①急性BRSV的临床症状：变动范围在不明显到暴发的范围内，急性暴发牛场，在数天到1周内引起牛群高的发病率，牛表现发热（40.0~42.2℃）、沉郁、厌食、流涎、流浆液性至黏液性鼻液，呼吸困难程度表现为单纯性呼吸频率加快（40~80次/分）至张口呼吸，部分牛的背部皮下可触摸到皮下气肿，搓捻时有捻发音，特别是肩峰处。肺部听诊时可听到多种声音：支气管水泡音、支气管音，在继发细菌感染引发支气

管肺炎时会产生啰音。

②严重的病例症状。病牛表现呼吸困难，但肺部听诊呈广泛性宁静（听不到声音），这是因为肺间质弥漫性水肿和气肿压迫小气道，使肺的通气量减少造成的。

③增生性肺炎时的症状。小气道被闭塞或减少，如果继发细菌感染性肺炎，支气管音或啰音可在肺前腹部听到，而肺背部和后部因机械性过劳增加了水肿和气肿的程度，变得比较宁静。这时牛呼吸困难明显，甚至张口呼吸，伴随呼吸可听到"嗯嗯"声或呻吟声。

BRSV 有时呈双相性，刚发病时出现轻度或比较严重的症状（第一相），随后数天有症状明显改善，在初次改善后的数天或数周突然出现急性严重的呼吸困难（第二相），第二相的呼吸困难是由于抗原—抗体复合物介导的疾病或是下呼吸道的超敏反应，如果出现第二相，常会导致死亡。

3）病理变化　该病毒不感染巨噬细胞，但会改变巨噬细胞的功能，缩短淋巴细胞的生活周期，抑制淋巴细胞的反应性；可破坏黏液运输机制，也可通过抗原—抗体复合物与补体结合导致下呼吸道的损伤。目前，传染途径不清楚。病毒是潜伏在健康牛群中还是由外界带入的，有待进一步探讨。有学者认为牛是保毒畜主，但病毒的活化、复制、扩散机制尚不清楚。死亡病例的解剖可见明显的肺间质弥漫性水肿和气肿，水肿和气肿区域的后、背侧肺区有散在的实变，这是 BRSV 的特异性病变。

4）诊断　根据临床症状可做出初步诊断，特别是急性发作时出现的高热、皮下气肿、肺部听诊弥漫性宁静、呼吸困难等。兽医应该注意的是，多种疾病都有相似的症状，实验室诊断显得格外重要，也是唯一确诊方法。可以采取咽部拭子、鼻咽拭子、剖检的肺样品，进行 PCR 检测病原。需要说明的是，BRSV 病毒在组织中停留的时间很短，需要在疾病的早期阶段采取样品。对一些饲养贵重牛或种牛场，可以在疾病康复后对牛群做回顾性诊断，需要采取发病第一天和第十四天的血清，做抗体滴度测定。初乳抗体不能防止 BRSV 感染。

5）治疗　没有特效治疗方法，对症治疗见治疗原则。

7. 牛副流感病毒病（PI3）

1）流行病学　牛副流感病毒病是由副流感病毒 3 型（PI3）引起的，一般为轻型病理过程，除非继发细菌感染。

2）症状　发热（40.0~41.7℃）、沉郁、厌食、鼻和眼有浆液性分泌物，呼吸频率增加（40~80 次 / 分），肺部听诊可听见肺下部支气管啰音，少见死亡，一般 7 天后恢复。

3）病理变化 病毒感染犊牛上呼吸道和下呼吸道，并进一步破坏纤毛上皮细胞、黏膜层、黏液纤毛运输和感染肺泡巨噬细胞，引起支气管炎和细支气管炎，细小呼吸道充满脓性渗出物。

4）诊断 副流感病毒病没有特异性症状，实验室检测病原是唯一确诊的方法，采取病理样品需要在急性发病期，否则也可能检测不到病原。也可以采取双份血清帮助诊断。死后病理解剖可能因为继发感染细菌肺炎而复杂化，可能因为采样的时机不对而影响检测结果。

5）治疗 没有特效治疗方法，对症治疗，方见治疗原则。

8. 牛病毒性腹泻病毒病（BVDV）

1）流行病学 牛病毒性腹泻病毒是黄病毒科瘟疫病毒，可引起牛的多种临床症状和病变，发热、黏膜溃烂、腹泻、流产或繁殖障碍、先天畸形，感染怀孕 40~120 天的胎儿造成持续感染和其他症状。在患呼吸道病的牛的下呼吸道也能分离到该种病毒，被认为是"呼吸道病毒"，具有明显的肺致病性，但不引起主要的呼吸系统疾病。

2）症状 急性感染期，出现高热（41.1 ~ 42.2℃）、沉郁。因为高热而出现呼吸加快（40 ~ 60 次 / 分），肺听诊正常或轻度支气管水泡音。如果没有继发细菌感染，肺部症状很轻微。

3）病理变化 急性发病 7 ~ 14 天或直到康复期间的牛或持续感染的牛均会出现严重的免疫抑制，病毒对嗜中性粒细胞、巨噬细胞和淋巴细胞的功能都有不良影响，外周血液中出现白细胞减少现象，体液和细胞介导的淋巴细胞机能被抑制，感染细菌、支原体和其他嗜呼吸道病毒的风险增加。急性发病 7 ~ 14 天后逐渐出现严重的黏膜损伤和腹泻，这个阶段如果没有细菌继发感染肺部，肺的病变很轻微或肉眼可见正常。只有对肺部病料进行病毒分离或采用 PCR 技术检测可以确诊。

4）治疗 没有特效治疗方法，对症治疗见治疗原则。

9. 胎生网尾线虫（肺丝虫）。

1）流行病学 成虫寄生在气管和支气管，虫卵在气管孵化，或经吞咽进入消化道，在排出前的粪便中孵化，发育成第三期感染性幼虫仅需 5 天，牛食入被污染的饲草或褥草，进入肠道的幼虫穿过肠壁定居肠系膜淋巴结，1 周后发育成第四期幼虫，通过淋巴管或血管移行到肺脏，幼虫到达支气管后发育成最后的第五期幼虫，并在这里发育成成虫，从感染幼虫进入体内到发育成产卵成虫约需要约4周（潜伏期）。

2）**症状**　原发感染有不同程度的呼吸困难，典型的深咳，整个肺区都可以听到弥漫性湿啰音或爆破音。食欲正常，感染严重的牛会严重呼吸困难，明显地努力呼吸甚至张口呼吸、咳嗽。在肺丝虫流行的牛场，成牛具有抗胎肺丝虫的免疫性，与年龄有关，免疫性可能不完全或不能克服严重感染，再次感染时，幼虫可以达到肺部，并通过免疫介导引起呼吸道症状（频咳、深咳、呼吸加快、产奶量下降），肺部没有啰音。症状经常发生在再次感染后的14~16天。

3）**诊断**　根据发病史和物理检查可以初步诊断，群发、体弱、深咳、湿咳和整个肺区的湿啰音是特征性症状。血液学检测可见嗜酸性白细胞增多。气管冲洗物镜检可见虫卵、幼虫、嗜酸性细胞，死亡病例解剖呼吸道内可见成虫。继发细菌感染病例会见到气管炎、支气管肺炎，慢性病例还可见慢性支气管炎、支气管扩张和继发性闭塞性细支气管炎。

肺丝虫等呼吸道寄生虫感染有时不表现症状，但虫体或其代谢物会损伤呼吸道黏膜，改变呼吸道黏膜功能和正常菌群，引起病原微生物的定植和异常繁殖，引发其他呼吸道疾病。

4）**治疗**　有效药物有硫酸左旋咪唑（8毫克/千克体重，口服），苯硫咪唑（5毫克/千克体重，口服），阿苯达唑（10毫克/千克体重、口服），伊维菌素（毫克/千克体重，肌内注射或口服）。

在治疗确诊的、有呼吸道症状的呼吸道寄生虫病时，要进行抗菌的预防性治疗，抗生素药物能防止细菌继发感染，但不能减轻呼吸困难和咳嗽。

二次感染呼吸道寄生虫时会出现免疫介导反应，使用左旋咪唑注射液效果更好。

5）**防治**　患牛要隔离治疗；患病的牛只治疗后不能立即放回原牛群（污染圈舍），因为这些牛还会继续排出感染性幼虫；污染圈舍的粪污要集中堆积、发酵，以消杀虫卵。

（六）其他常见病

1. 犊牛腹泻　犊牛腹泻是目前母牛养殖中常见疾病，出生2天至2个月的犊牛均可发生，是当前犊牛多发病之一，尤其是冬春季节。犊牛腹泻一旦发生，很容易造成大批感染，如果不及时治疗就会造成高达50%以上死亡率。犊牛腹泻不仅影响犊牛健康，使犊牛生长缓慢、发育不良甚至死亡，而且影响发育、推迟初产年龄、降低优质畜产品生产，增加饲养成本等问题。引起犊牛腹泻的原因比较复杂，有病毒和致病菌引起的腹泻，也有饲养管理不当引起的腹泻。

刚落地的犊牛肠道处于无菌状态，自犊牛出生开始吃初乳，环境中的细菌均有机会进入犊牛消化道，但只有大肠杆菌属、乳酸杆菌属、肠粪球菌属、芽孢菌属等能定植并成为优势菌群。进入胃肠道的细菌部分被初乳中的抗体中和，部分为pH不断下降的皱胃环境所杀灭，部分能生存下来定植成为肠道常在菌。在犊牛3日龄前或各种引起皱胃环境pH上升的因素（过食、凝乳不良、奶温过低、代乳品搅拌不均等），均会造成肠道细菌的过度增殖，引发犊牛腹泻。肠道内的常在菌也处于动态平衡中。

近年来，河南省畜牧兽医研究所在河南省"四优四化"科技支撑计划项目的支持下，对犊牛腹泻进行了深入的研究。本书着重从犊牛的饲养、管理、环境、营养等方面寻找引起犊牛腹泻的原因，对犊牛腹泻进行及时诊断、有效治疗、环境干预、劝导合理饲养等。在多年的生产实践和近期集中实施的犊牛腹泻研究中，总结了一系列从营养、分群、药物及生物预防、精细化管理等方面对犊牛进行综合管控的措施，使之成为行之有效的犊牛腹泻防控手段。

1）犊牛腹泻的发病机制和分类

（1）发病机制　腹泻是指动物在一定时间内排出粪便的数量（总量）增多、排泄的次数增加、粪便的形状发生改变。

消化道是一个有大量液体存在并流动的系统，液体的80%来自消化道的分泌，20%来自饮食摄入。正常情况下，消化道液体95%的水分被消化道吸收，液体的分泌与吸收保持动态平衡，平衡被打破即会造成腹泻。

（2）发病机制分类　打破平衡的机制即为腹泻的发病机制，有以下几种：

①分泌增加。致病微生物或其分泌的毒素等破坏肠绒毛上皮，使之脱落，形成创面（漏出组织液），损伤的肠上皮新生细胞分泌功能旺盛，毒素还可以改变细胞膜的酶结构，引起肠上皮细胞对钠离子的吸收减少，对氯离子和水的分泌增加，造成肠内容物增加、变稀。可能的致病因素有细菌、毒素、体液神经因子、免疫炎性介质、误食去污剂（胆盐、长链脂肪酸）、通便药（蓖麻油、芦荟、番泻叶）等。

②吸收减少。致病因子造成肠壁发生形态学改变，或肠黏膜发育障碍，或吸收面积减少，或吸收功能减弱，或吸收单位减少，有些毒素（大肠杆菌分泌的耐热或不耐热肠毒素）还可以阻断水分的吸收。可能的致病因子有先天性吸收不良、手术切段肠管、毒素引起的肠黏膜充血水肿、肠道损伤后瘢痕等。

③渗出增加。致病因子造成肠壁上皮细胞损伤（肠绒毛坏死、脱落、变短），通透性增加，组织静水压造成液体在肠上皮细胞间渗漏，水、血浆及血细胞等血液成分从毛细血管中漏出，引起肠内容物增加，有时还混有血液成分。

④渗透压增加。致病因子或毒素破坏成熟的肠上皮细胞，造成半乳糖酶的缺乏，加之过小的犊牛结肠中的微生物群尚无完全建立，不能酵解乳糖和半乳糖，使得牛奶中的乳糖分解成的半乳糖不能进一步被酵解，肠内容物的渗透压升高，从而潴留水分。另外过食性瘤胃酸中毒也会引起肠内容物渗透压增加。某些药物就是利用增加渗透压来治疗便秘的，如硫酸镁、硫酸钠、甘露醇等。

⑤肠蠕动增加。刺激性食物、肠内容物增多、炎症分泌物等的刺激，都会引起肠道反射性蠕动增加，缩短肠内容物在肠道的停留时间，减少肠内容物与肠绒毛的接触时间，影响食糜的吸收。

腹泻有时并非单一机制造成的，可能会是多因子综合作用的结果。例如，致病性大肠杆菌引起的腹泻，细菌黏附破坏肠绒毛上皮细胞，分泌细胞毒素，造成绒毛完整性破坏，体液血液漏出、渗出，吸收不良，肠道食糜不能充分吸收而引起肠内容物渗透压增加，潴留水分，肠隐窝上皮在绒毛上皮破坏后快速生长，新生的细胞又具有强的分泌能力，综合作用的结果即是腹泻。

2）犊牛腹泻的致病因子

（1）病毒　主要是轮状病毒、冠状病毒、黏膜病毒

①轮状病毒。犊牛轮状病毒发病高峰是 10 ~ 14 日龄，潜伏期 15 小时至 5 天，发病第二天开始排毒，病毒可以长期存在于污染物中，经粪—口传播。

A.病理：病毒吸附在肠绒毛顶端表面，破坏成熟的肠上皮细胞，使细胞变性脱落，肠绒毛发育障碍，肠隐窝上皮细胞（方形）快速生长以替代肠绒毛顶端的柱状细胞。这些新生的细胞分泌性强，破坏的肠绒毛吸收不佳，引起消化不良，肠内容物渗透压增加，出现腹泻。病变从空肠一直蔓延到回肠。

B.症状：感染早期，患犊轻度沉郁，流涎，不愿站立和吸吮，腹泻，粪便呈灰黄色到白色酸乳状，通常不会有血，直肠温度正常。随着病程延长，会出现脱水

（眼球下陷、皮肤干燥且弹性降低等），虚弱，卧地，体温下降，四肢末端发凉，如此时不及时救治，病犊可能会在 72 小时内死亡。疾病的严重程度和死亡率受多种因素影响，如免疫水平、病毒类型、病毒感染量，是否存在应激等，单一的轮状病毒感染可自行痊愈，少有症状严重者。

10日龄的犊牛排黄色水样稀便，从粪便中分离到轮状病毒 ｜ 8日龄轮状病毒感染犊牛表现腹泻和轻度脱水

C. 诊断：由于该病没有特征性的临床表现，要确诊需进行病毒分离或 PCR 法检测抗原，阳性即可确诊（图 6-7）。

D. 防治：没有特异性治疗方法。根据该病的病理进程，

轮状病毒感染可造成严重的腹泻、脱水、酸中毒 ｜ 轮状病毒感染犊牛，可见眼眶明显下陷，脱水程度为7%~8%

图 6-7　轮状病毒引起的犊牛腹泻

严重病例可予以输液等扶持疗法，平衡机体水、电解质、酸碱度，增加营养等。该病会引起消化吸收不良，口服补液的作用不佳，可禁食 24 小时以保护肠黏膜。对于该病的防治应该是提高母牛的免疫水平，以此提高初乳中的中和抗体，哺乳犊牛获得高水平的循环抗体和肠道黏膜局部免疫保护。

②冠状病毒。冠状病毒感染高峰是 7 ~ 21 日龄，潜伏期 20 ~ 30 小时，粪—口传播。

A. 病理和症状：同轮状病毒，不同的是冠状病毒感染时大肠黏膜也受损伤，严重的病变在回肠、盲肠、结肠，所以腹泻更为严重，粪便更稀。该病原也是牛冬痢的主要病原体。

B. 诊断：要分离到病毒或 PCR 检测阳性才可以确诊。

C. 防治：同轮状病毒。

D. 病毒性腹泻病毒。病毒性腹泻病毒可以引起牛的病毒性腹泻和黏膜病，病毒可以突破胎盘屏障感染胎儿。病毒有两种明显不同的生物型，根据是否引起细胞病变可分为细胞病变型（CP-BVDV）和非细胞病变型（NCP-BVDV），每个型还有多个不同的毒株，而且不能交叉保护。在牛感染恢复期会发生交叉感染，可使牛急性感染和持续感染，有些毒株可以发生变异，在两个型间转换。临床病型多样，但在一个牛群中一般不出现多种临床症状，只出现一组特征型症状。非细胞病变型病毒是

主要致病型，在黏膜性疾病的自然发病病例中常有细胞病变型病毒被分离出来，这是因为在非细胞病变型病毒感染后，机体抗体水平降低合并体质差时又感染了细胞病变型病毒。病毒性腹泻病毒感染引起的慢性疾病称为黏膜病。持续感染的牛是危险的传染源，对同源毒株具有免疫耐受性，对异源毒株敏感，感染会发生严重的病毒病。病毒以溶胶小滴的形式存在于牛鼻咽分泌物、尿、粪便、精液中。犊牛后天感染发病温和或无症状，但妊娠牛的感染会使情况变得复杂。

妊娠初期母牛感染病毒，会引起胚胎死亡，母牛不孕，但母牛产生抗体后妊娠率正常。生产中要确保精液里不存在非细胞病变型病毒很重要。

妊娠 40 ～ 125 天母牛感染非细胞病变型病毒，胎牛会感染，但不会产生抗体。如果母牛是持续性感染，则胎牛出生后也是持续性感染，后果有以下几种：出生时正常，成年后仍正常，但持续排毒；出生时外表正常，但 1 岁之内死亡（可能由其他病致死）；出生时体弱或死亡。

妊娠 90 ～ 180 天母牛感染非细胞病变型病毒，胎牛会发生先天性异常，如小脑发育不全、白内障、视网膜变性、短颌、积水性无脑等（一般一个牛群只出现一种或两种，且在一段时间基本相同）。

妊娠 180 天以上母牛感染非细胞病变型病毒，有的胎牛可以产生循环抗体，有的会发生流产，所产胎牛带有初乳前抗体，不引起持续感染。

A. 临床症状：

☞急性症状：无论犊牛还是成牛，以发热（40.5 ～ 42.0℃)和腹泻为主要症状，发热与沉郁一般出现在腹泻前 2 ～ 7 天，且表现双相热，第二次发热后会出现腹泻、消化道糜烂、流涎、磨牙、厌食，因发热而出现呼吸急促，消化道糜烂部位包括鼻镜、口腔（硬腭或软腭）、口角的乳头、门齿的齿龈、舌腹面等。有的牛有趾部皮肤损伤。严重的病例会因血小板减少而出血（便血），严重腹泻会引起脱水、体液电解质和酸碱失衡、蛋白丢失，甚至并发其他感染而死亡（图 6-8）。

图 6-8 犊牛腹泻引起的发育迟缓（图中右侧为发育迟缓）

持续性感染：牛一直存在病毒血症，但抗体水平低甚至没有抗体。持续性感染（PI）牛如感染异源性毒株可能会发生致死性（急性）和黏膜病（慢性），或可以产生抗体。

持续性感染牛会因为细胞免疫机能下降而感染其他病原（大肠杆菌、沙门菌、轮状病毒、冠状病毒、球虫、巴氏杆菌、鼻气管炎病毒、合孢病毒等）从而表现出相应疾病。通常情况下，当疾病的严重程度、发病率、死亡率超过了病原体引发疾病状况，且使用敏感药物（抗生素等）治疗没有收到相应的临床效果，同时又发现有黏膜损伤，应该怀疑为病毒性腹泻病毒感染。

☞黏膜性疾病：一般发生在6~18月龄的青年牛，有发热、腹泻、口鼻糜烂史，体重减轻，尸检时可见口腔、食管、皱胃、小肠的集合淋巴结、结肠出现卵圆形糜烂灶或浅表的溃疡灶，食管、皱胃、小肠黏膜上皮水肿、红斑。

B. 诊断：一群牛在同一段时间出现固定形式的先天异常，或6~18月龄的青年牛出现消化道糜烂症状，或批量犊牛出现生长不良，或治疗效果不佳的普通病（肺炎、癣病、红眼病、顽固性腹泻等）持续出现，应寻求专业兽医或科研院所的帮助，进行实验室诊断，采取病牛的全血、鼻咽拭子、粪便、肠淋巴结、肺组织等进行细菌培养和PCR检测。以便寻找病原，进行准确诊断和鉴别诊断。

C. 防治：没有特异的治疗方法，一般采用对症治疗，但不建议太多地投入治疗，对有该病流行的牛场进行检测、淘汰、净化。

D. 检测：对可疑牛群进行抗原与抗体检测。对抗原抗体均为阳性的急性发病牛只，隔6周再检测一次，抗原阳性的牛只淘汰；对抗原阳性、抗体阴性的持续感染牛只淘汰；对抗原抗体均为阴性的牛只，隔6周再检测一次，双阴性或抗原阴性、抗体滴度大于1：64的牛只可以留用。

E. 免疫：检测合格的牛只，可以进行免疫，免疫方法按照产品说明书操作。基础免疫完成后2周要进行抗体检测，抗体阴性或抗体滴度小于1：64的牛只淘汰。

（2）细菌 主要有大肠杆菌、沙门菌。

①大肠杆菌。大肠杆菌是牛肠道的正常栖息菌，也是条件致病菌，是致新生犊牛死亡的主要病原菌，已经确定有3类大肠杆菌可以引起犊牛腹泻，即败血型大肠杆菌、产肠毒素型大肠杆菌和其他致病型大肠杆菌。各型间没有交叉保护。由于管理不严格、卫生条件差，导致犊牛接触大量大肠杆菌，初乳中免疫球蛋白含量低或

吸收不良，大肠杆菌在肠中异常大量增殖会导致大肠杆菌病。或者由于饲养密度过大、断脐不消毒、应激（气温突变、长途运输等）、感染其他病原体（牛传染性鼻气管炎病毒、病毒性腹泻病毒、轮状病毒、冠状病毒、球虫等）造成牛只抵抗力下降，继发大肠杆菌。致病大肠杆菌在有利于快速增殖的环境中，黏附在肠黏膜的绒毛上，快速增殖，或损伤黏膜进入血液循环引起败血症，或分泌肠毒素引发内毒素中毒，或产生细胞毒素造成痢疾和血便。

A. 败血型大肠杆菌。发病高峰为 1~14 日龄，出生 24 小时即可出现症状，口腔与鼻分泌物、尿液、粪便等会排出大量病原菌，污染环境，造成疾病的传播。粪—口传播。

▐☞症状：急性病例表现沉郁、虚弱、无力、脱水、心动过速、吸吮反射严重下降，甚至消失，黏膜高度充血，部分病例出现眼角膜结膜水肿甚至出血，脐带水肿，脑膜炎症状。亚急性病例表现发热、脐带水肿、关节肿胀、葡萄膜炎。慢性病例虚弱无力、消瘦、关节痛，所有病例均有酸中毒的表现。最急性病例有休克、酸中毒现象发生，腹泻症状出现比较晚。

败血型大肠杆菌感染犊牛存活下来后患败血型关节炎

▐☞诊断：可根据发病时间与数量、犊牛的临床症状、近期的管理情况做出诊断。确诊需要实验室进行病原分离，样本可采集犊牛全血、关节液或脑脊髓液（图6-9）。

3日龄犊牛患严重的败血　犊牛患严重的败血型大肠型大肠杆菌感染引起休克　杆菌感染引起角膜水肿

图6-9　败血性大肠杆菌引起的犊牛腹泻

▐☞治疗：最急性和急性病例一般治疗不成功。出现症状但没有休克的病例可以从以下 3 个方面进行救治，还可参考犊牛腹泻的治疗原则。

支持疗法：静脉输注平衡液体，以纠正电解质和酸碱失衡，补充水和能量。

抗生素疗法：选择敏感且具有强杀菌力的抗生素，静脉输注。

抗休克。

▐☞防治：加强干奶期、围产期母牛及新生犊牛的管理。

母牛干奶要足够40 ~ 90 天，干奶期母牛要检测隐形乳腺炎、进行乳房保健、防止乳房漏乳、保持干燥环境、及时消毒，保障优质初乳生产。

围产期母牛要饲养在消毒干燥环境，力保犊牛的出生环境良好，对乳房漏乳的牛要登记，不能用这些母牛的初乳饲喂犊牛。产房要清洁干燥，以免母牛身体和乳房受到粪便的污染，环境要消毒，室温要适宜。

犊牛要及时吃到足够合适温度（夏天 37.5 ～ 38.5℃，冬天 38.5 ～ 39.5℃，饲养人员要备有温度计，力求奶温准确，不能以手试温）的初乳，出生 12 小时内要获得 4 千克初乳，可以分 2 次喂食，第一次越早越好，提倡出生 8 小时内喂完第二次。因为出生 8 小时之后，空肠吸收上皮即关闭了球蛋白的吸收功能，但之后初乳球蛋白可以封闭大肠杆菌在肠黏膜的连接位点，阻止大肠杆菌的黏附，起到局部保护的作用。新生犊牛不能群养，应该放在有干净垫草的彻底消毒的温暖的清洁环境中，特别是冬天。现在还有一种做法，供企业参考，即平时冻存高质量的初乳，用时以 45 ～ 50℃的水解冻，在犊牛出生后的 2 小时、12 小时分别用胃管灌服 2 千克的 38.5℃的解冻初乳。

B. 产肠毒素型大肠杆菌。产肠毒素型大肠杆菌即含有菌毛抗原 F5、F4（也就是以前教科书上的 K88、K99）的大肠杆菌。发病高峰为 1 ～ 7 日龄，犊牛出生后 48 小时内对此类大肠杆菌最为敏感。在有其他肠道致病病原（轮状病毒、冠状病毒、球虫等）存在时，14~21 日龄犊牛仍可感染产肠毒素型大肠杆菌（图 6-10，图 6-11）。

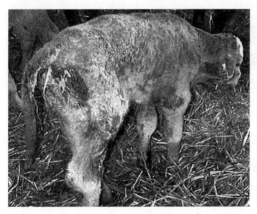 

图 6-10　肠毒型大肠杆菌引起的犊牛腹泻（3 日龄犊牛）　　图 6-11　肠毒型大肠杆菌引起的犊牛腹泻（犊牛出现黄白色腹泻，伴有严重脱水）

👉临床症状：最急性表现为腹泻、脱水，在感染 4~12 小时即可发生休克，大便水样，白色、黄色或绿色，全身症状比腹泻更严重。急性发病时，以前吸吮正常的犊牛突然吸吮反射降低或消失，无力，脱水，可视黏膜干、凉、黏，有些牛不表现腹泻，但有严重的腹胀，右下腹部有大量液体（肠内积液），心律失常，心律快（酸中毒、高血钾），体温正常或降低。如果是高毒力的菌株感染，群体发病率可达70%以上。轻型病例可能不会引起饲养人员注意，患牛排软便或水便，能吸吮牛奶，可自愈。

☞诊断：根据发病日龄和临床表现可做出初步诊断，输液治疗对这类患牛的疗效比对败血型大肠杆菌的明显，因为这种病的主要病理是内毒素和酸中毒、脱水、低血糖、高血钾，主要属于分泌型腹泻。分离细菌是最好的确诊方法，样本最好是空肠内容物，肠系膜淋巴结及其他组织不能分离出细菌，以此区别于败血型大肠杆菌。

☞治疗：原则是增加循环血量，纠正低血糖、电解质和酸碱失衡，抗休克。根据患牛体重和脱水程度计算每日补液量。一般按40~60毫升/千克体重，其中补充5%碳酸氢钠150~250毫升。另可参考犊牛腹泻的治疗原则。对有吸吮能力的患牛不建议输液，口服补液即可，液体类型与所输液体相似（有专门的口服补液盐商品），食物和补液盐碱化很重要。每天4~6升平衡液，加入碳酸氢钠10~15克，操作方法是：先控食1天，只给平衡液体，然后把一天的牛奶量分3~4次饲喂，在两次喂奶之间喂平衡液，坚持3~5天。碳酸氢钠也可以加在奶里。

☞防治：同与败血型大肠杆菌。

C.其他致病性大肠杆菌。此类大肠杆菌感染不能引起败血性和肠毒素中毒，但细菌黏附于肠黏膜产生细胞毒素，侵害的肠黏膜的范围可以扩展到小肠末端、盲肠、结肠，能引起痢疾、消化不良、蛋白流失，有的病例出现便血和里急后重。2日龄到4月龄的犊牛均可发病，发病高峰日龄为4~28天，引起痢疾的产志贺菌样毒素的O157.H7即属于此类病原。

☞治疗：可参考犊牛腹泻的治疗原则。

②沙门菌。沙门菌是可以引起犊牛最急性败血症到隐形感染等不同程度病理的地方流行性疾病，是各年龄段牛腹泻的主要病原体。以菌体抗原分类，沙门菌分为A、B、C、D、E等型，对牛致病的是B、C、E，粪—口传染。感染沙门菌会损伤小肠后段、盲肠、结肠黏膜，导致消化吸收不良，蛋白丢失，体液损失，属于分泌性和消化不良性腹泻。有些沙门菌（都柏林沙门菌，4~8周龄犊牛易发）还可以引起呼吸道症状，且患牛的多种分泌物带菌，如口鼻分泌物、乳汁等。应激、运输、高温、低温、环

境卫生不佳或有其他疾病存在造成抵抗力下降时易感染沙门菌，多发在2周至2月龄的犊牛（图6-12，图6-13）。

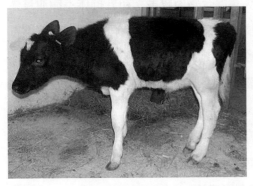

图6-12　沙门菌感染牛康复后易导致发育不良　　图6-13　沙门菌感染导致的急性肠炎可引起

迅速脱水和毒血症

☞症状：发热、腹泻是犊牛沙门菌病的主要症状，粪便带有黏液和血液，颜色不一致，腐臭味，有时有水样便。新生犊牛感染死亡率比较高，最急性的病例在症状出现之前即死亡，急性病例也有高的死亡率，慢性感染会引起间歇性腹泻（永久性肠黏膜损伤）、消瘦、低蛋白血症、生长不良，通过多种分泌物向外排毒，有的病例排毒可长达3~6个月。

☞诊断：最有效的确诊办法是分离细菌，在病史调查和临床症状观察做出初步诊断的基础上，采集粪便、肠内容物及肠系膜淋巴结送检。大肠杆菌和沙门菌均易致犊牛感染，而且症状相似，但大肠杆菌更易感染3周龄内的犊牛，沙门菌感染的范围会更大一些，有时也有混合感染，在病死犊牛剖检时，沙门菌病的犊牛小肠末端和结肠黏膜上有散在的纤维性坏死膜。

☞治疗：可参考犊牛腹泻的治疗原则。

☞预防：避免拥挤和暴力转群；隔离病犊，减少粪便污染环境，淘汰带菌犊牛；清扫和消毒畜舍；犊牛与成牛不混养，犊牛不群养，做好干奶期母牛的筛查和保健；饲养人员不能串岗；注意公共卫生，接触过病犊的饲养人员和兽医的工作服、鞋、手套都要认真消毒。

（3）寄生虫　犊牛感染比较多的寄生虫是细微隐孢子虫，是人、兽共患病原，有3个特点：粪便里的卵囊可直接感染新宿主；无宿主特异性，在包括人在内的哺乳动物间传播；抗药性比较强。

在牛群中，主要感染1~2周龄的犊牛，感染高峰为11日龄，与轮状病毒的感染时间相重叠，潜伏期2~5天，单独感染腹泻可持续2~14天，有的呈间断性腹泻。污染牛场中3周龄以下犊牛发病率可达50%，混合感染较多，初乳抗体不能通过体液机制和局部机制防止该病的发生，但免疫状况良好的犊牛有自限性。犊牛感染寄生虫后，表现为慢性体重减轻，食欲差，尾巴和肛周有粪便污物。

①病理：感染导致肠上皮细胞微绒毛萎缩、隐窝炎，引起分泌性和吸收不良性腹泻。

②症状：患犊沉郁、厌食、脱水，腹泻，排出混有黏液的水样绿色粪便，有的粪便里有血，里急后重，慢性病例患牛消瘦，通常体温正常。

③诊断：新鲜粪便涂片镜检，检出虫卵即可确诊。

④治疗：对脱水、电解质失衡的患犊治疗可参考犊牛腹泻的治疗原则。

对有吸吮能力的患犊正常饲喂，外加一些口服补液盐和葡萄糖。对慢性患犊要加强营养，特别是能量物质，在冬天要注意保暖。

治疗药物有拉沙里菌素、妥曲珠利、地克珠利，螺旋霉素也有部分治疗作用。

⑤环境卫生：隐孢子虫喜凉爽潮湿环境，对50℃以上的环境敏感。因此，围产母牛和新生犊牛的生活环境务必保持干净干燥，疑受污染的环境要彻底清扫，用50℃以上蒸汽消毒。

（4）消化不良　牛场发生腹泻的犊牛很大一部分是由于管理不善引起的。这类腹泻的犊牛精神状态较好，食欲正常，反应敏捷，喜欢跑动玩耍。粪便一般呈黄色或深色糊状，后躯沾的粪便较少。犊牛无须治疗，从以上几个方面改进即可，一般条件改善后1~2天就会恢复正常。但有些犊牛由于应激造成的抵抗力下降可能会患其他疾病，要密切注意腹泻犊牛的病情发展趋势。

（5）混合感染　就河南省农业科学院畜牧兽医研究所2017~2018年检测的10个牛场、500余份腹泻犊牛粪便的分析结果显示：单一病原引起的犊牛腹泻或单个牛场只存在单一病原体的情况已经不存在，单个个体或牛场均存在2种以上的病原体。普遍存在的病原体为轮状病毒、冠状病毒、大肠杆菌、隐孢子虫等，并发继发并存，主次不易分清，引起的肠道损伤可能会有叠加、积累或协同作用，损伤面积会波及整个肠道，使得病情严重而复杂。从检测的40多份健康犊牛的粪便结果分析，轮状病毒、隐孢子虫检出率较高，哺乳的肉牛犊牛群比奶牛犊牛群普遍；冠状病毒检出少，即犊牛腹泻时才可以拉出冠状病毒。大量统计数据显示，腹泻性疾病占牛群所发疾病的比例约为 50%。在腹泻病例中：大肠杆菌引发的腹泻约占生物致病因子引发腹泻的 31%，轮状病毒约占 24%，沙门菌和病毒性腹泻病毒分别占 16%，隐孢子虫为 8%，冠状病毒约占 5%。患犊剖检可见，淋巴集结处呈现大小不同的溃疡性病变。

3）腹泻的治疗原则　造成犊牛腹泻的病原有多种，但损害有规律可循。腹泻主要引起脱水、电解质和酸碱失衡、肠道黏膜损伤、水和蛋白离子丢失、毒素吸收等，治疗需要关注犊牛生理特点和腹泻特征。

（1）纠正紊乱　恢复细胞外液体积和循环血量，治疗脱水，防止休克和低血糖、缓解中毒（内毒素和代谢性酸中毒）。治疗方法主要是静脉输注或口服平衡液体，用到的药物有：0.9% 氯化钠、5% 葡萄糖、林格液、乳酸林格液、10% 的氯化钾、5% 碳酸氢钠等。

（2）防止感染　病毒性感染时，可以不优先使用抗生素，但在出现发热症状或病程延长时，建议使用抗生素预防继发感染。在检测有细菌感染时，建议做药敏试验，使用敏感抗生素。常用的抗生素有阿米卡星、庆大霉素、环丙沙星、恩诺沙星等。

（3）保护黏膜　无论是细菌性还是病毒性感染，都会造成肠道黏膜不同程度的损伤，使用黏膜保护剂十分必要，常用的药物有铋制剂、高岭土、鞣酸蛋白、蒙脱石散剂等，还可以使用吸附剂，如活性炭。

（4）扶持疗法　犊牛肠道正常时会合成一些维生素类，在肠道损伤且腹泻时，不能合成或快速排出一些营养物质，需要人为补充，所用到的药物有 B 族维生素、维生素 C、肌苷、三磷酸腺苷二钠、辅酶 A 等。

（5）中药　对于草食家畜，中药有其得天独厚的作用（药食同源），一般出生 10 天之内不用中药，之后可以适当添加，水煎或粉碎成末后用开水冲服，常用的药物有：茯苓、白术、干草、陈皮、党参、神曲、麦芽、山楂等，根据症状加减。

4）犊牛腹泻的防治

（1）微生物环境　导致腹泻的病原体存在于肠道，发病时或恢复期或亚健康感染时都会由粪便排出大量病原体，对环境造成一定压力，所以产房和犊牛舍要做到容易消毒，下水道畅通。

圈舍的清洗、消毒、熏蒸，能"全进全出"更好。

圈舍应通风良好，干燥，垫草清洁，做到勤换。

加强干奶期、围产期母牛的管理。干奶期母牛要检测隐形乳腺炎、进行乳房保健、防止漏乳，保障优质初乳生产。围产期母牛漏乳要登记，不能用这些母牛的初乳饲喂犊牛。

产房应该每年更换地点，保持干净、干燥，避免在大棚等陋舍产犊，特别是在深冬和早春。

新生犊牛要单独饲养，避免与成牛等混养，大的犊牛饲养密度要适中，合理分群。

（2）营养环境　饲养犊牛要做到"三早三定"，早吃初乳、早补饲、早断奶，定时、定量、定温；坚持使用全乳喂养，坚持使用巴氏消毒奶，用酸化奶更好。

（3）免疫环境　做好牛群的免疫工作。根据牛场牛群的疾病流行情况，制定有效的免疫程序，定时给牛群注射疫苗，控制疾病流行。

确保初乳的质量和数量，确保犊牛及时吃到足够高质量的初乳。

每年进行规定流行病的检测，淘汰不适合留养的牛。

（4）物理环境　做好新生犊牛的保温工作，特别是在冬季，要及时擦干犊牛；环境温度要适宜。

（5）及时救治　致病生物因子引发的腹泻，会导致犊牛机体脱水、电解质和酸碱失衡，病程发展迅速而且严重，要引起兽医的足够重视，要及时治疗。

5）部分案例

案例1

某牛场15日龄之内的犊牛突发腹泻，最早24~48小时发病，7日龄前发病最多，发病率100%（56/56），病死率约12.5%（7/56），粪便开始黄色、白色水样，之后变为青灰色。用过磺胺类抗生素，乳酸菌素片、板蓝根、0.9%氯化钠、B族维生素、维生素C等，效果不显著。现场勘查，病牛单独饲养，房盖石棉瓦，水泥地板，没有垫草，水样便流得到处都是，犊牛身体浸在水便里，后躯沾满粪便。粪便呈白色、黄色、灰色水样，内有凝乳块，大部分犊牛反应迟钝，眼球下陷，皮肤干燥，侧卧不动，不能站立，体温低，有的犊牛有高的肠鸣音，有的犊牛颤抖，有的犊牛流涕、流涎。根据症状，采集粪便样本8份、奶1份，带回实验室检测病原。

粪便样本中检测出沙门菌、牛冠状病毒、牛轮状病毒。河南省"四优四化"科技支撑计划项目实施过程中，利用该技术集成在该养殖场的腹泻犊牛示范使用，除治疗第一天有一头体温低下（36.5℃）、严重脱水、不能站立的犊牛死亡外，再无犊牛死亡。

案例2

从2018年10月至2019年3月，河南多个牛场都发生了犊牛腹泻，其中洛阳的两个牛场，驻马店一个牛场，发病情况相似，犊牛出生几天开始发病，发病率100%以上，死亡率90%以上。两个场均为母乳喂养。犊牛没有跟随固定的母牛，有时一头母牛带3头小牛。母牛体况较差，喂药之后症状减轻或消失，停药之后几天反复发病。

补救措施：圈舍彻底消毒；母牛和小牛分开饲养；采集健康新鲜的牛乳定时定量饲喂犊牛，保证每头小牛都能吃饱，有条件的可以饲喂巴氏消毒奶。

2.夏季热应激　热应激是指机体在过高的环境温度下所表现出来的一系列非特性反应。它受空气温度、湿度、对流以及机体自身产热与散热等诸多因素影响，其中空气温度和湿度对动物的应激反应影响最大。调研该公司夏季热应激因素造成的奶产量和乳品质下降的原因。正常肉牛的体温在38.5~39.5℃，其体内产热和散热要保持动态平衡才能维持体温恒定，因此肉牛的适宜饲养温度通常在10~25℃，最佳的生长温度则在15~18℃。河南7月、8月平均气温在34℃，极端气温甚至达到40℃。肉牛的皮下脂肪厚，散热途径单一，耐寒不耐热，因此很容易产生夏季热应激。

1）热应激症状　表现为食欲减退，体温升高，心跳呼吸加快，鼻镜干燥，精神不佳和烦躁不安等，严重时引发热射病可在数小时内死亡。公牛表现为性欲减退，精子数量减少和精子活力降低；母牛发情异常，易发流产或早产犊牛成活率下降，断奶体重减轻，后期发育滞缓。

2）防治措施

（1）物理防治措施　加强通风，安装排风扇，搭建遮阳网，喷淋降温。为牛群提供良好的生活环境，提高生产性能。

（2）营养调节　动物处于热应激时，维持能量增多；采食量下降导致营养摄入不足，这些原因影响肉牛生长速度与生产性能。因此，调整日粮配方或改变饲料原料，增加饲料的营养浓度，尤其是能量水平，可有效缓解肉牛热应激，提高夏季肉牛的生产性能。调节配方饲料精粗比，适当添加微生态制剂、酶制剂、抗热应激添加剂等，通过提高瘤胃功能及促进饲料消化吸收，提高肉牛消化率，提高增重。

案例

肉牛通过营养调控缓解热应激的技术方案：全混日粮中添加氯化钾 8 克 / 千克 + 碳酸氢钠 15 克 / 千克，增强肉牛机体热应激缓解能力。精饲料补充料添加脂肪酸钙 200 克 / 头，增加精饲料中脂肪含量，提高每日能量摄入。精饲料补充料中添加酵母铬 0.3 毫克 / 千克 + 复合酶 0.1 毫克 / 千克，提高了机体抗应激能力和瘤胃消化能力。

3. 运输综合征

1）发病原因 长途运输途中受热、冷、风、雨、饥、渴、惊、挤压、颠簸、合群、体力耗损、环境改变等应激原影响，使机能发生紊乱，机能改变，导致机体抵抗力下降，免疫能力减弱，病原微生物（如支原体、巴氏杆菌、大肠杆菌、沙门菌、链球菌、葡萄球菌、真菌及血液原虫）感染，引起呼吸道、消化道乃至全身病理反应加重、呈现应激综合征。

2）临床症状 体温升高，高达 41 ~ 42℃，精神沉郁，食欲减退，被毛粗乱，咳嗽，气喘，流黏性或脓性鼻液；随着病情发展，逐渐出现腹泻，甚至血便，严重者血便中混有肠黏膜；部分牛则继发关节炎，出现跛行、关节脓肿等；呼吸困难，后期肺部听诊呈湿啰音或哨音，病牛极度消瘦，甚至衰竭死亡。

3）病理变化 剖检可见肝、脾正常；肠道出血、黏膜脱落，真胃溃疡。主要病理变化出现在呼吸系统上，病理变化如下：气管壁上有出血点、充血斑；肺与纵隔、胸腔粘连；胸腔内有大量的脓液，腹腔内有中量的淡黄色积液；双侧肺尖叶、心叶、副叶及 1/3 隔叶化脓；左肺尖叶成为一大脓肿肺；胆囊水肿，黏膜呈颗粒状沉淀，易脱落；真胃内壁上有许多条状溃疡灶。

4）预防措施 "自繁自养"。加强牛群引进管理：不从疫区或发病区引进牛。运输牛只要用专业运输车辆，行进速度合适，要稳，禁止急行、急停、急转弯，防止颠簸对牛只的冲击和牛只站立不稳引起的不适及紧张，产生应激反应。加强运输过程中的防护，运输时可在装载车辆的两边用帆布遮挡，以减少直流风对牛的鼻孔及口腔直吹。运输前补打口蹄疫疫苗 2 头份，同时运输前添加抗应激药物（电解多维等）；到场后做好护理工作，继续饮用抗应激药物，必要时添加抗生素预防感染（特别是呼吸道疾病的预防）。加强饲养管理：保持牛舍通风良好、清洁、干燥。加强疾病预防：定期消毒牛舍，及时发现并隔离病牛，尽早诊断与治疗。

5）治疗原则　抗菌消炎、强心利尿、补液。

支原体无细胞壁，对作用于细菌细胞壁的 β-内酰胺酶类抗菌药物如青霉素和头孢类不敏感。因此，应选作用于细菌蛋白质合成的相关药物，如环丙沙星、氧氟沙星、泰乐菌素、替米考星、四环素、氟苯尼考等。

发热达到 40℃ 的病牛每天肌内注射退热针：生理盐水 500 毫升，10% 葡萄糖500 ~ 1 000 毫升，地塞米松 30 ~ 50 毫克。

参考文献

[1] 陈幼春.现代肉牛生产[M].北京:中国农业出版社,1999.

[2] 全国畜牧总站.肉牛标准化养殖技术图册[M].北京:中国农业科学技术出版社,2012.

[3] 王居强,闫峰宾.肉牛标准化生产[M].郑州:河南科学技术出版社,2012.

[4] 魏成斌.建一家赚钱的肉牛养殖场[M].郑州:河南科学技术出版社,2010.

[5] 许尚忠,高雪.中国黄牛学[M].上海:中国农业出版社,2013.

[6] 徐照学,兰亚莉.肉牛饲养实用技术手册[M].上海:上海科学技术出版社,2005.

[7] 杨利国.动物繁殖学[M].北京:中国农业出版社,2008.

[8] 魏成斌,徐照学.肉牛标准化繁殖技术[M].北京:中国农业科学技术出版社,2015.

[9] 张栓林.牛饲料的配制[M].北京:中国社会出版社,2005.

[10] 王根林.养牛学[M].3版.北京:中国农业出版社,2013.

[11] 包军.家畜行为学[M].北京:高等教育出版社,2008.

[12] 陈杰.家畜生理学[M].4版.北京:中国农业出版社,2003.

[13] 韩正康,陈杰.反刍动物瘤胃的消化和代谢[M].北京:科学出版社,1988.

[14] 黄奕生.畜禽组织学与胚胎学[M].成都:成都科技大学出版社,1990.

[15] 贾慎修.草地学[M].北京:中国农业出版社,1997.

[16] 刘敏雄.反刍动物消化生理学[M].北京:北京农业大学出版社,1991.

[17] 莫放.养牛生产学[M].北京:中国农业大学出版社,2003.

[18] 南京农业大学.家畜生理学[M].3版.北京:中国农业出版社,1990.

[19] 尚玉昌.动物行为学[M].北京:北京大学出版社,2005.